迷人的科学
丛书

ÉTONNANT
VIVANT

迷人的生命

[法]卡特琳·热叙　主编

吴苏妹　译

上海科技教育出版社

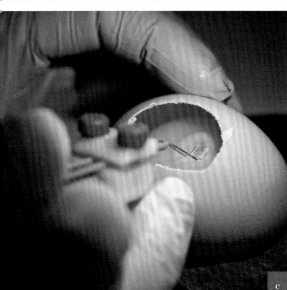

a. **DNA 折叠建模** 基于细胞的基因活性数据，研究人员实现了细胞核内染色体组构的三维建模。黑色、蓝色和绿色代表不同失活基因，黄色代表活性基因。模拟需要一到两天进行运算。该建模能使研究人员更好地理解控制 DNA 折叠的理化机制和生物学机制。他们还试图由此建立三维组构、活性和基因调节之间的关联。

b. **组织切片上的抗体沉积** 该团队正在研究肿瘤血管定植的方式，血管定植会为肿瘤带来养分，从而促进肿瘤生长。在该照片中，研究人员正试着让抗体混合物沉积于载玻片，载玻片上有小鼠的纤维肉瘤组织切片。当后者自发生成了血管，研究人员将检测载玻片上是否存在此类血管的特异 RNA，沉积的抗体有助于鉴定同时表达 RNA 和被抗体识别的相关蛋白质的血管。

c. **研究鸡的胚胎** 该团队试图理解，构成视网膜和脑的神经回路的细胞是如何在胚胎发育过程中产生、分化并相互连接的。照片中的研究工作是在鸡胚胎的蛋黄（胚胎发育的"粮仓"）上方的蛋白质区域开展的。研究人员运用了若干新技术，例如图示的电穿孔。这项技术通过施加电场改变细胞膜的稳定性，使一个新基因穿过细胞膜，研究人员可就此监测它所在的神经细胞的命运以及神经组织中细胞的连接性。

d. **通过磁共振成像（MRI）获取图像** 将处于麻醉状态的实验动物置于磁共振成像设备（左侧），获取它的脑部图像。屏幕前的人员操控着生理功能（心跳、呼吸、体温）的记录，以监测并同步磁共振成像序列。其目标在于开发新的生物标志，准确说是脑功能正常或不正常的指标，以便更清晰地理解脑的机能，同时更好地评估创新疗法和（或）引导治疗方向。

e. **利用含 Tau 蛋白编码基因的病毒操纵被感染的细胞** 神经原纤维变性是阿尔茨海默病以及相似疾病的一种神经元死亡机制，主要特征是脑内 Tau 蛋白的聚集和蓄积。为理解 Tau 蛋白作用机制，研究人员利用含 Tau 蛋白编码基因的病毒感染培养的细胞。为了保护其工作环境以及自身免受所操纵的病毒感染，研究人员得身着防护服在密闭空间中的通风罩下开展工作。

f. **在埃塞俄比亚达洛尔地区采集强酸性水样** 水呈绿色是因为水中含有溶解的还原铁。研究人员凭借一台多参数探测仪可以测量温度、酸度、氧浓度、电导率和氧化还原电势。他们可以通过分析样本寻找嗜极微生物，还能据此研究它们适应此处极端环境的分子证据。该地区位于横穿阿法尔州的裂谷，那里是世界上两个洋壳露出地表的地方之一。当地的环境十分极端：高温（可达 115℃）、强酸、多种盐饱和且存在有毒气体。因此这里是研究微生物生命极限的绝佳地点，并且可作为原始地球的模拟环境。

序

嗜极微生物是否掌握着地球生命起源的关键？为什么人体内包含的细菌基因比人类基因数量更多？伟大的"生命之树"（进化树）是否还有一些不为人知的分枝？生命和非生命之间的界限是否如我们想象般清晰明了？可以轻而易举修饰基因的 CRISPR-Cas9 技术，我们将如何使用？通过观察处于活跃状态的神经元，我们对精神与意识的起源又有多少了解？未来人类将如何治疗疾病、修复身体甚至延长寿命？

这些或大或小、或特殊或普遍的问题，以及其他与之类似的议题动员着研究生命的庞大跨学科群体。生命在地球上已出现近 40 亿年，其形态呈现出无可比拟的复杂性和创造性，而该群体的研究人员希望与大众分享自己在面对这种复杂性和创造性时的热情、疑惑以及惊叹。我们不仅支持这一积极举措，还想在生命科学面临又一关键时刻的当下推出此书——事实上，历经 20 多年的发展，对该领域知识的挖掘已迎来井喷期。

这种知识爆炸源自相关技术史无前例的飞跃。观察有助于理解。成像技术的迅猛发展把生命观察领域带进了从前无法企及的尺度，现今人们不仅可以探索未知的真相，还可以更新自身对那些意想不到的机制的认知。当代生物学家还拥有一个可以探索新生命形态并理解生命机能的强力工具，即基因组测序技术。这项革命性的技术甚至拓展到宏基因组，也就是构成既定生态系统的所有微生物（包括生活在海洋各处、淡水中以及人体肠道内的微生物）的基因组。通过解析这些数据，我们可以探索迄今仍不可见的未知世界。

今后我们可以凭借前所未有的计算能力，对所有这些以数字形式录入的数据进行储存、共享、分析并建立模型。这是生命科学转折点的另一个关键维度：生命科学与信息技术的结合。在现今的信息技术领域，传感器越来越袖珍，而处理器性能越来越强大。通过比对不同学科研究成果的海量数据，我们见证着以前无法想象的联系、原理、组合——涌现。对生命的分析由此实现了从"体外"（*in vitro*）、"体内"（*in vivo*）走向今后将成为主流的"硅内"（*in silico**）。

伴随着这些新能力接踵而至的还有前所未有的生命操控技术，这是近年来的另一革命。此类技术发展引起不小争议，包括：培育转基因生物、可治愈过往不治之症的基因疗法和细胞疗法、基于干细胞培育组织、制造可维持器官功能的假体和生物材料，未来还可能通过合成生物学创造新的生命形态。对于此类技术发展，不少人为之振奋，但也有人抱有怀疑和担忧态度。生命科学的发展不能脱离生命伦理学，尽管发展的目的是追求进步，但也会引起质疑。在这一点上，研究人员需要与大众讨论。

法国国家科学研究中心（CNRS）、法国国家健康与医学研究院（Inserm）和众多法国公立研究机构有幸成立了多学科科学生态系统，该系统包罗万象：从基础研究到社会学、经济学和医学领域的应用，应有尽有。该模式使得法国在过去半个世纪以来位列科学大国第一梯队。有了该模式，无论是对生命史还是对支配生命的基础机制及其组织规律的探索，抑或对相关发现应用于解决问题（首待解决的便是健康改善和环境保护），我们都可保持开放的态度。

对生命的研究，归根结底是一项关乎所有人的挑战。科学与技术启发我们作出明智的集体决定且使我们怀有创新意识，这是现代社会发展及其经济发展的核心。科学与技术可以带来进步，也会引发争议。科技发展会产生新的知识，而新的知识以及随之而来的利益分配恰是 21 世纪发展的一大挑战。创新从何而来，无人能提前知晓。正如路易·巴斯德（Louis Pasteur）所言，"机

---

* "进行于电脑中，或是经由电脑模拟"之意。——译者

遇只偏爱那些有准备的头脑"。

关于生命历史及生命机能的知识是人类社会的宝贵财富，有助于人类了解自己的过往，摆正自身当前的位置，更好地创造未来。更好地了解生命，也意味着丰富我们自身的生活以及我们后代的生活。倘若阅读此书后读者们对上述种种深信不疑，那么我们的初衷便已实现。

阿兰·富克斯（Alain Fuchs）
法国国家科学研究中心主席*
伊夫·列维（Yves Lévy）
法国国家健康与医学研究院院长

---

* 本序定稿于 2017 年，他在同年 10 月下旬离职接任巴黎文理研究大学校长。——译者

引 言

诸位正捧在手中的此书是一次非同凡响尝试的成果，集致力于破解生命奥秘的法国科研界众力而成。本书旨在邀请读者踏上了解21世纪初生命科学重大发现及其前景的旅程。百余名研究人员倾注心血编写本书，他们迫不及待欲将自己的探索领域与读者分享。为何要如此倾尽全力让读者了解我们正在探索的世界？那是因为生物学现今正经历着一场名副其实的革命，该革命的转折点将颠覆我们的知识体系和我们对生命世界的看法，而我们的社会对此却未加以重视。

这场革命的本源并非生命科学提出的全新问题，而是如今对一些由来已久的疑问作出了全新的解答。对生命认知的颠覆主要源于技术的巨大进步。事实上，"科学的进步来自新技术、新发现和新想法，顺序大致如此"，诺贝尔奖得主悉尼·布伦纳（Sydney Brenner）如是说道。由于新技术工具的发展（如显微镜的发明），生命科学已然取得不少重大进展。这些新技术着实无可比拟，借助它们的力量，人类得以观察有机体乃至其细胞内部的分子、分析并操控DNA（脱氧核糖核酸）甚至合成完整的基因组、交叉比对"大数据"中的上亿条信息、观察一个有意识的人脑如何运行，等等。这是一个正在展开的新时代，科学家希望在这个时代探索进化树一些想象不到的分枝、再现生命的历史、破译人体细胞复杂的运转逻辑、揭开脑的神秘面纱……还要参与对人类而言最具意义也最神秘的话题的辩论，这些话题包括生命起源、死亡，以及人的特性，即人具有思想、自我意识和非我意识。

科学的发展受两股潮流——简言之就是好奇心和效用（utility）——所驱

动。从生命科学诞生以来，这两者就以可变的占比结合在一起。最初，史前人类痴迷于研究生物圈，以便对抗生物圈的种种约束并从中获取利益。种植作物、饲养动物、开展选育以改善相关农产品的营养价值、驯化动物，这些举动都需要观察和实验，也属于科学手段。在古代，进化中的人类积累并传播关于自身所处的生物圈的知识，主要目的是为了更好地生存并开发、利用大自然。人类因此开创了一门功利性的生物科学。随着古代文化的发展，人类渴望了解世界，由此发展出两类研究。第一类是关于博物学的，旨在盘点并描绘生命，其最终成果便是查尔斯·达尔文（Charles Darwin）于 1859 年提出的进化论，这类研究由人类好奇心使然。第二类涉及动物及人类的生理学，该类研究基于假说 – 演绎法建立，旨在了解生命的机能，医学尤其外科学便是以此为基础发展而来的。19 世纪末，一个新纪元随着博物学融合实验科学的研究方法而开启，最终诞生了现代生物学。好奇心和效用如同两台发动机，合力推动着生物学的发展。巴斯德主导的传染病研究促成了微生物学的诞生，这是一个在单细胞生物和病毒的广阔世界开荒的科学新分支，后来发现抗生素的正是微生物学的研究人员。随着 20 世纪五六十年代分子生物学的兴盛，另一场革命接踵而至。分子生物学的起点在于，把 DNA 分子鉴定为遗传物质的载体并描述 DNA 分子的结构。分子生物学主要是通过研究生物体内的分子结构及其交互作用来解释生命的特性。寥寥数年，该领域研究人员对主要生物大分子的了解已然颠覆了我们对生命机能的认知。分子生物学又是另一类革命的摇篮——它开启了操控生物遗传物质的可能性。这种强大的技术力量在基因工程方面有众多惊人的应用，令人类为之着迷。从此刻起，生物学成了各类技术工具和应用的源泉。当代社会期待的是可以为我们所遭受的病痛、威胁带来治疗方法和利益的生命科学。事实上，生命科学一直以来都更多地服务于健康、农业、生态学和环境，同时，生命科学也为能源领域带来各种前景，还与多类工业活动息息相关。21 世纪之交，生命科学的效用迎来莫大的关注：媒体的聚光灯侧重于照亮能为人类提供治疗方法或是能解决经济衰退问题的科学进展，而那些未被规划、未被预见，仅仅是渴望了解世界的研究人员出于好奇心得来的重大发现，被落在阴暗之中。这些发现在其涌现之时的应用前景是如此不易察觉，以至于如今它们足以扭转我们对生命的认识。我们编写此书，正是想让读者了解生命科学不为媒体所关注的这一面。希望书里的内容能让读者感到惊奇、赞叹，并对其中扣人心弦的前瞻性问题充满兴趣。

本书旅程的第一站是出人意料的生物多样性（尤其是微生物多样性），以及生命在适应地球上各种环境时表现出的惊人创造性，有些环境人们曾认为并不适合生命生存，但后来发现，无论是冰水还是沸水，无论是高盐度还是强酸性，无论是高海拔地区还是暗无天日的深海区域，其中都有生命存活。达尔文在英国皇家海军的"贝格尔号"上研究了众多大型海洋物种和陆地物种，正是通过此番研究，他最终提出了自然选择进化论（图0.1）。21世纪初，研究人

图0.1　查尔斯·达尔文，首位以树状图描述物种历史的科学家
这张合成图左为达尔文的肖像，右为达尔文《第一本物种演变笔记》（*First Notebook on Transmutation of Species*）的节录。这份笔记被用于编写《物种起源》（*On the Origin of Species*，出版于1859年），该节录正是第一棵"进化树"的草图，它阐明了各生物群体之间的亲缘关系，每一个节点都代表分枝的后代在某个进化时刻的共同祖先。

员于"塔拉号"上研究了海洋浮游微生物，此番研究颠覆了我们对于这类漂流群体的认识（图0.2）。地球上超过60%的细菌生活在海洋之中，然而我们所了解的不到5%！虽说每升海水含有100亿—1000亿个微生物已然不是什么小数目，但我们肠道内的微生物含量更加丰富：在面积为400平方米的肠道内，覆盖着超过10^5亿个细菌，与人体细胞的数量相当！肠道菌群具有多种生命形态和生物活性成分，在人体内发挥着重要功能。其他惊喜来自那些在现有体系中很难被归类的"生命"，例如有着闻所未闻特征的巨型病毒（图0.3）。这些"生命"如何生存？它们是原始细胞的后代吗？它们是否属于某个未被鉴定的新进化分支？由于以上所有发现，尤其是在与30多亿年前（生命诞生之前）的地球环境十分相似的环境中的发现，生命起源的问题以及宇宙中其他星球是否存在生命的问题，自此从闭门造车的时代进入可演绎真实场景的实验性阶段。

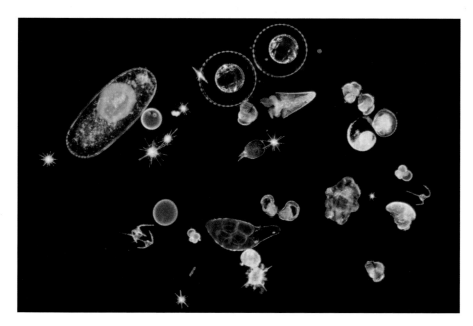

图0.2 单细胞生物和浮游生物幼体

这些浮游生物样本采集于"塔拉号"科考途中。2009年9月5日，"塔拉号"从法国西部城市洛里昂出发，进行为期三年的全球海洋之旅，以便研究海洋微生物。

"若不从进化角度来看,生物学全然没有意义。"综合进化论大师之一特奥多修斯·杜布赞斯基(Theodosius Dobzhansky)的名言提醒着我们,生物学本质上是一门历史科学。物理学、化学抑或数学的研究对象其历史性部分占比很小甚至缺失,但生物学对象里的历史性部分占比却很可观,因为无论是已然消

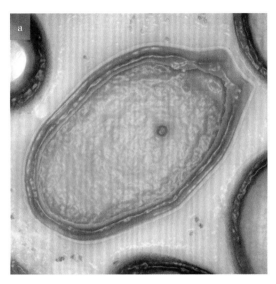 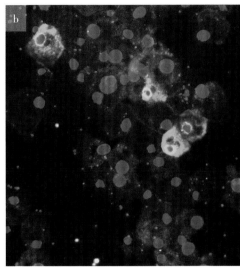

图 0.3 巨型病毒

a. 电子显微镜下的甜潘多拉病毒(*Pandoravirus dulcis*)。该病毒发现于澳大利亚墨尔本一处淡水池塘塘底沉积物中,基因数量与一些真核微生物相当。其"潘多拉"之名既反映了外形似"潘多拉之罐"*,也体现了基因特征。潘多拉病毒没有任何基因可编码蛋白质以形成"衣壳",而衣壳是传统病毒的基础结构。此类病毒的发现填补了病毒世界与细胞世界之间的不连续面。b. 妈妈病毒(*Mamavirus*)和伴随其左右的亚病毒因子"卫星噬病毒体"(Spoutnik virophage)。以变形虫为宿主的妈妈病毒会被卫星噬病毒体感染,后者是人类发现的首个噬病毒体(吃病毒的"病毒")。照片为荧光显微镜下妈妈病毒和卫星噬病毒体正在变形虫体内增殖。妈妈病毒为红色,卫星噬病毒体为绿色。蓝色光圈表示产生新病毒的"病毒工厂"。新卫星噬病毒体的产生先于新的妈妈病毒。

---

　　* 所谓"潘多拉之盒"(Pandora's box)实为误传,希腊神话最初的用词转写成英语并非 box 而是 pithos,即一种似罐的容器,所以此处表述结合病毒实际外形作调整,后文仍从俗。——译者

失的生命抑或现存的生命，都源自一个或多个自然形成的原始生命。它们的历史和它们的亲缘谱系，均被所谓的进化树（你们在下文会发现，这甚至不能被称为"一棵树"）描绘出来。在基因组测序领域重大突破的助推下，进化论派生出一套有力的理论框架，它不仅可根据相关历史解释当前种种生物学现象的"原因"，亦能在相关基因组被测序之前就预判某个基因的存在，甚至可以预测某一物种或某群物种的未来发展。我们将为读者介绍如今人们所构想的进化树，以及关于生物学创新驱动和挑战"自然选择产生的生物完美适应其周围环境"之观点的各种修补工作。与此同时，我们还将向读者展示如今的科研人员如何通过在自然环境中观察进化过程并在实验室通过实验手段操控进化，来克服"进化需要漫长时间"这一障碍！

近几个世纪以来，我们已知道，生命是由众多尺寸比个体细小的部件组成的，且其性质各不相同（液体、细胞、分子、原子……）。人体拥有的细胞数量是银河系恒星数量的千倍有余。然而生命的复杂性不仅仅在于这些惊人的数字，还在于生命特有功能之繁多（生长、形态发生、增殖、死亡、适应、运动、变态、交流、修复等），而这繁多的功能来自上亿成分间的交互作用，这些交互作用穿越时间与空间，遵循特定的空间编排设计和既精准又具可塑性的内在生物钟（图 0.4）。关于生命的组分及其交互作用的复杂性，也是近 20 年才真正受到重视。以前，我们研究生命的每一个部分、每一种成分，希望它们的总和能揭示生命的机能。但这实属虚幻的希望。此举最多只能触及表象，而无法了解实质。通过对各成分交互作用的研究，我们才得以了解支配它们的规则。探索才刚刚开始，而探索能否成功取决于我们能否抛弃过去的研究方法，如今的探索需要基于物理学工具和生命地图数据的数学预测模型。我们将带领读者一起了解生命的复杂性：深入细胞内部（图 0.5），探索那些在 20 年前甚至没人设想它们存在的分子及其功能，探索个体之间如何通过交互作用形成集体智能，当然，还会深入最令人着迷、最复杂的，而且关联着"人性"这一古老问题的器官——大脑（图 0.6）。

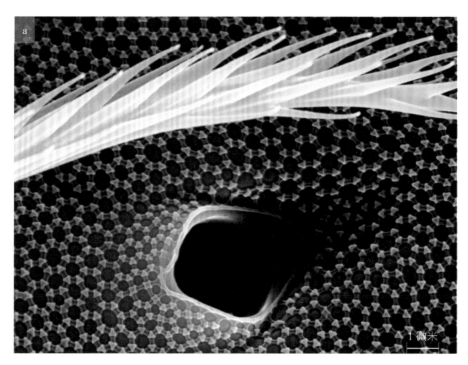

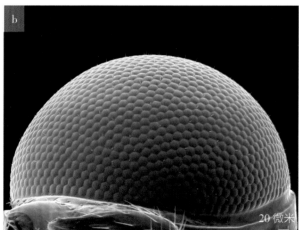

图 0.4　源自简单规则的复杂结构

a. 扫描电子显微镜观察到的弹尾虫（与某些昆虫和甲壳动物相似的小型节肢动物，常生活于土壤中）的腹部细节；b. 扫描电子显微镜下的草蛉（翅膀半透明的小型昆虫）复眼侧视图（染色显微图）。

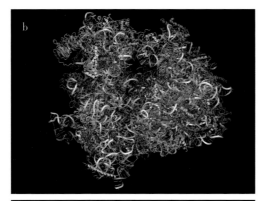

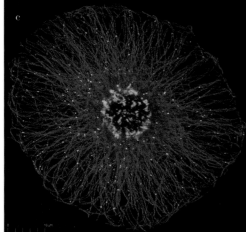

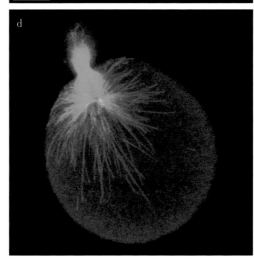

图 0.5 探秘细胞内部

a. 用于研究 DNA 构象的低温透射电子显微术。此种显微术在将生物学对象可视化的同时，保持它们的构象、离子环境和它们之间的交互作用。研究侧重于体外或体内（病毒、细菌或真核细胞染色体内部）缩合 DNA 的结构。b. 原子尺度下的酵母核糖体的分子结构。这里是合成蛋白质的细胞工厂。该结构通过 X 射线衍射获取，分辨率为 3 埃（1 埃 $=10^{-10}$ 米）。该结构体现出分子之间复杂的布局。构成真核细胞核糖体的 79 个蛋白质和 5600 个核苷酸都被精准定位。c. 凭借免疫荧光法，在共焦显微镜下看到的处于培养阶段的神经胶质细胞。该细胞为神经元的良好运作提供必要的蛋白质。红色荧光部分为微管，是细胞骨架的主要组成部分。绿色小点是用绿色荧光蛋白（GFP）标记后可视化的分泌小泡，它们将蛋白质运送至细胞表面。研究人员的目标在于，通过时间序列显微术实时观察小泡的去向，分析小泡在微管上的移动路线，明确细胞内部的运输机制。该细胞的长度为 65 微米。d. 正在分裂的小鼠卵母细胞。研究人员将微管（被抗体染为绿色）和染色质（被碘化丙啶染为红色）的组织结构可视化。细胞直径为 80 微米。由于控制细胞分裂的一个基因发生突变，图中的分裂并非正常。

a

脚

眼

手（运动）

记忆

社交

音系

执行

语义

语言

价值观

奖励

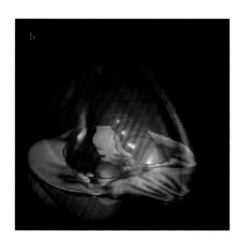

b

图 0.6　理解人脑的机能

a. 人脑额叶的功能亚区。额叶建构并且控制着我们最复杂的行为，如决策、创造力、类比推理、自愿行为的产生、语言组织。在这部分大脑中，研究人员鉴定出 12 个对应不同功能——简单的功能如运动机能，复杂的功能如社会行为——的脑区，每个区的功能取决于脑神经连接的性质。为了探索额叶的功能组织结构，研究人员使用了扩散磁共振示踪成像，该技术可以追踪白质纤维束（保障神经信息传递的神经元轴突）乃至脑区的连接情况；研究人员还利用"大数据"分析了诸多人脑神经成像数据库。b. 对人脑记忆区域的三维重建：海马（红色）、海马旁回（黄色）和杏仁核（蓝色）。该图是通过三维磁共振成像实现的。

　　长久以来，生物学家一直将个体与环境视为对立面，认为进化机制是在个体层面上运作的，其运作大致遵循个体自给自足的规则；环境的作用被认为仅仅是提供资源或是带来限制与压力（自然选择）。从人类中心论出发，我们定义了不同类型的环境，其中有宜居环境，也有极端的、对生命（过去认为的生命）不利的环境。而这一观念已被近年来的发现所颠覆。正如前文所说，生命似乎存在于所有环境中，一些无法想象的代谢形式使得生命可以适应一些人们先前认为有毒的环境，甚至可以在其中繁衍。此外，物理化学机制通过影响某些性状的遗传而参与了进化过程，这意味着达尔文进化论蕴含一部分拉马克学说。我们对生命与非生命之间界限的认知被打破了：生命几乎总是存在于更大的生命体内，或者包含着更小的生命，并且这些关系对整体的生活至关重要（图0.7）。其他范式的转变涉及生物环境和生态系统，它们承载着生命之间的交互作用。近年来的研究结果向我们呈现了这些交互作用的可塑性之高，例如可以从互利共生转变为特定的寄生关系，反之亦然。这表明了共生关系在物种进化中的作用，以及数百万年间，共生双方协同进化的重要性。在如今这个我们见证、遭受且推动着史无前例的环境剧变的时代，我们有必要破解气候变化为何对生物圈构成威胁，有必要了解环境是否自生命起源就受其影响而有所改变。现今，人类成为生物地球化学循环的主要推动者：人类是地球环境变化的始作俑者，但也可能是拯救者。

　　谈到生命科学当前的转折点，就不得不提及一些打通意外应用场景的科学革新，这些革新源于知识或技术的创新。这方面，神经科学令人刮目相看，其巨大进步既离不开成像技术的出色发展——我们已能看到活人大脑实时运作的状态（图0.8），也与我们可通过比对健康人脑来研究特定精神障碍病患的大脑息息相关。在科学史上，这是人们首次可以从生物学角度辨别处于活跃状态的人脑的认知功能，"神经元人"* 变得显而易见。由此，现今神经生物学家与人文社会科学研究人员之间的交集有助于我们理解人脑的认知功能。惊

---

　　* 出自法国神经科学家让 - 皮埃尔·尚热（Jean-Pierre Changeux）侧重生物决定论的著作《神经元人》（*L' Homme Neuronal*）。——译者

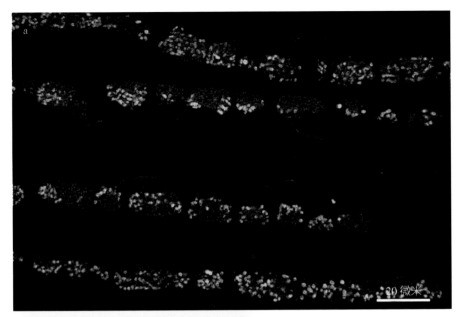

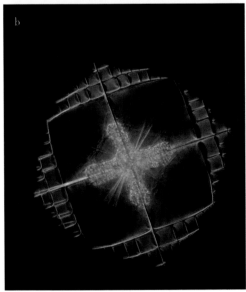

图 0.7　共生

a. 亚速尔群岛热液源中有一种名为 *Bathymodiolus azoricus* 的深海偏顶蛤，图为其鳃丝。深海偏顶蛤总是与一些生长在其鳃细胞内的细菌共生。通过荧光探针标记，我们可以区分出包含细菌的鳃细胞。此类细菌能够合成有机物质供深海偏顶蛤吸收。细菌可利用溶解的二氧化碳气体以及源自硫化氢（发出淡紫荧光的是硫氧化细菌）或甲烷（发出黄色荧光的是甲烷营养型细菌）氧化的化学能。绿色部分为鳃组织天然的自体荧光。b. 单细胞浮游微生物 *Lithoptera mulleri* 是一种等幅骨虫，它有一副星形骨骼，由硫酸锶构成。图中黄绿色部分是其细胞质内的共生藻类。该浮游生物以一些小型猎物（细菌和单细胞真核生物）为食，但也会吸收体内藻类通过光合作用产生的含碳养分。

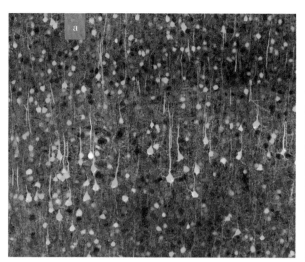
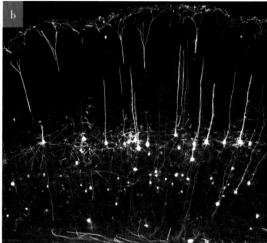
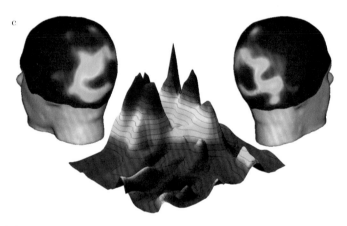

图 0.8　脑成像

a. 利用"脑虹"（brainbow）技术完成的小鼠脑皮质成像。该技术通过创建一套脑细胞多色标签，将神经回路的发育可视化。脑虹技术可以引导不同颜色（青色、黄色、红色……）的荧光蛋白在神经元中随机组合表达。b. 由一种人工表达的水母荧光蛋白在共焦显微镜下呈现的小鼠神经元架构。c. 人脑后侧负责视觉的脑区对呈现于视网膜的勉强可见的微弱图像作出应答（红色部分）。借助脑磁图（MEG，该技术可捕捉神经元发出的磁场），研究人员记录了测试对象的脑部活动，并呈现为三维峰状的 MEG 地形图。研究人员发现，注意力和意识建立于两类不相关的脑部活动之上：视觉信息通向意识的机制与通向注意力的机制可各自独立运行。

人的是，认知神经科学之进步不仅能使我们理解人类精神及脑部活动的生物学理论基础，还几乎即时可为医学界所用，从而提高医生对病人的诊断及治疗水平。除此以外，读者还会在本书中发现生物学知识对其他众多领域的贡献：生物灵感，指人类从自然系统汲取灵感造福社会（涉及化学、医学、药理学、机器人学、计算机科学、航空学等）；仿生学，指人类仿照自然系统创造出相应的人工系统。本书还将带读者领略一些理想化的应用，即便这些应用与我们最初设想的并不一致，但要应对未来的挑战，它们至关重要。

本书中介绍的 21 世纪初关于生命的发现是百余名研究人员的成果，他们在编写本书时投入了所有信念。由于今后的生命研究横跨数学、物理学、化学、机器人学、计算机科学、环境科学、认知科学及社会科学，因而合力完成本书的并非仅仅是一众生物学家，上述所有学科的研究人员都积极参与了本书内容的撰写，分别展现了各自领域的成果。对于生命科学的重大转折点，我们都通过与相应研究人员关联的发现案例逐一进行了诠释。我们所选取的例子均源自研究人员的专业领域以及他们投入的莫大热情。由于所选例子基于个人选择而来，所以它们并不具有全面性或普遍性。很遗憾我们没能谈及生命科学当前的全部发展趋势，也无法尽数引用支撑这些趋势的惊人发现并作出针对性诠释。我们也无法用一整章来介绍带来这些转折点的所有新技术，不过它们散布在全书的例子中。本书篇章的安排并非线性：读者可从任意一章开始阅读，随后再决定想转至哪一章继续阅读。因为本书为众人合力而成，每个人都为之倾注心血，所以风格也不尽相同。正如生物多样性，个体之间各不相同，但是不乏整体逻辑性。我们希望本书的"复调合唱"也能呈现出此番和谐。最后，在本书中，我们选择不谈及与生命科学关联的一个重要领域：科学与社会的关系及其伦理学领域。自 20 世纪末以来，各种生物技术涌现，引起民众的普遍关注。不少人往往过于乐观地将之视为解决所有病痛的方案，有些人则认为其中存在危险，我们可以看到社会上一部分人对生命科学及其应用有着强烈的质疑。然而，有必要将科学的贡献及其运用区分开来：知识可被用来服务于任何一项事业，而过快为社会所用的技术可能带来预料之外的负面影响。伦理学问题一方面与研究人员的实验相关（例如人体研究、动物实验、使用人类胚胎干细胞或人类早期胚胎），另一方面，也与社会对新知识和新技术的使用相关（转基因、医疗辅助生殖、人机关系、机器人学、基因组数据使用等）。社会以及政治团体应当明确伦理学框架，科研人员应当在此框架内行事。在这个充满技术进步时代的广泛伦理学争论中，科学家和社会、政治组织之间，通过明确揭示研究可获得的成果来开展对话尤为重要。本书也涉及这方面内容，但是并未直接谈论争辩的关键部分，因为在我们看来，此番论战过于广泛和重大，无法被纳入我们着眼于当前生物学变革核心的探索之旅。

旅程最后将探讨非常根本的问题：在 21 世纪，我们可以对生命科学抱有何种期待？像法国这样在该领域成果颇多的国家，应当如何看待这些影响生命科学的巨大变动？前文提到的两个因素——好奇心和效用，自然而然会推动生命学科的发展，重点在于两者须呈平衡状态，使得每一个因素都是要素，但不会互相压制。我们知道，单单由好奇心驱使的研究往往对社会 - 经济领域有滞后影响，且是研究开展时无人料想也无法预见的影响；而所谓的针对性研究，在为我们了解生命机能作出重要贡献的同时，也有着同样出人意料的一面。应当正确鉴别这两种类型的研究，以使它们在互相发现的科学机遇的推动下，通过持久且流畅的交流实现互联。这便是未来应用的关键，这些应用可用来应对我们世界的社会 - 经济挑战。历史向我们表明，这些应用的出现有两种方式。第一种方式是依托人们可合理地预测其演变的已有知识，去钻研、去改进、去发展。这是一种必要的方法，该方法被轻易运用于一些大型项目，以动员研究人员关注政治界认定的社会问题或环境问题——任何一个关注当下及未来社会生活质量的国家都必须解决这些问题。但是历史教导我们，不能局限于这一方法。如果人类只致力于改良石斧或蜡烛，那么我们永远不会过渡到青铜时代，也永远不会使用电。这就涉及第二种方式，即所谓的突破性创新，通常来源于意外的发现，该方式可产生最有意义的创新。例如，基因工程源于沃纳·亚伯（Werner Arber）等人的工作成果，亚伯与合作伙伴通过解析细菌应对病毒感染的机制，发现了对维持细菌细胞完整至关重要的酶——限制酶，由此以完全超出预料的方式，提供了开启基因组修饰大门的强力工具，并使其成为该领域的基石。这一情景同样见于现今 CRISPR-Cas9 系统引领的技术革命，该技术让研究人员有能力以任意基因为靶标，抑制或激活其表达，对其进行修饰、修复或敲除，用另一基因将其替代，可视化其位点和表达，等等。倘若 1980 年代末研究人员没有发现大肠埃希菌（*Escherichia coli*，也称大肠杆菌）基因组中古怪的重复 DNA 序列，那么这一技术革命不会发生；倘若他们没有试图了解此现象是否为大肠埃希菌所特有，从而发现大部分细菌基因组中都存在重复序列，并且细菌病毒（噬菌体）中也存在，那么这一技术革命不会发生；倘若他们接下来没有倾力查明这在细菌中起到什么功能并发现它们对病毒的防御作用，那么这一技术革命不会发生；最后，倘若研究人员没有致力于解析保障该防御的分子机制（如今这一谜题还远没有解开），那么这一技术革命不会发生。简言之，倘若没有 20 多年来围绕一个纯粹出于研究人员好奇心且理论上没有任何明显应用性的课题所开展的研究，这一影响科学和社会的技术革命永远不会出现！这被神经科学家斯图尔特·法尔斯坦（Stuart Firestein）概括为如下文字："关于预言，其最可预测的方面之一是，它们往往是错误的……我们不会借助个人推进系统而飞翔，我们不穿一次性服装，我们不吃浓缩在铝制包装中的食物，我们无法根除疟疾或癌症，数年前有如此多被相信的预言，而它们至今并未成真。不过，如今我们拥有联通全世界的因特网，我们有药丸可实现按需勃起，这两种现象都不存在于 50 年前甚至仅仅 25 年前发表的预言中。正如恩里科·费米（Enrico Fermi）所强调的，预言是有风险的举措，尤其是当它们涉及未来时。"（*Ignorance*，*How it Drives Science*，Oxford University Press，2012）

因此我们须警惕，不可自封闭于完全程序化的研究方法中，因为这类研究的目标结果相较可用于研究的时长而言期限过短。创新往往会带来无法预见的结果，并且往往远晚于有所发现的那一刻。我们不能仅仅在路灯下找钥匙，而应当去探索阴影之地，遵循好奇心去探索其中的财富。这不仅仅是明日创新的源泉，也是社会必需的知识的源泉，这样的社会开明、睿智、清醒且对自身所处的世界富有责任心：社会于世界中发展并且改变着世界，如此，社会将更了解世界，我们也会更了解我们自己。

即将阅读本书的读者们，如果这些颠覆生命知识体系的发现使你们有所惊叹，如果你们坚信这些发现承载着未来、承载着进步，那么请听一听我们的呼吁：要探索我们面前的那些未知领域；开展相关研究需要时间、需要承担风险、需要想象力、需要创造力、需要自由。一门科学若不想局限于功利——当然它本质上得有用——就必须满足以上条件（*The Usefulness of Useless Knowledge*，Abraham Flexner，1939）。生命科学的这一职责不仅仅由投身其中的研究人员掌握，还得根据政治意愿以及社会共识来实现。这是一个关乎我们所有人的问题。我们借本书向读者展示一部分科学进展、我们受其启示所进行的思考，以及科学进步所开启的前景。生命科学全体研究人员希望可以让读者对大自然产生兴趣和喜爱，从而成为积极参与其中的一分子。生命科学需要你们的协作，需要你们的支持。

卡特琳·热叙（Catherine Jessus）

CNRS 生物科学研究所所长

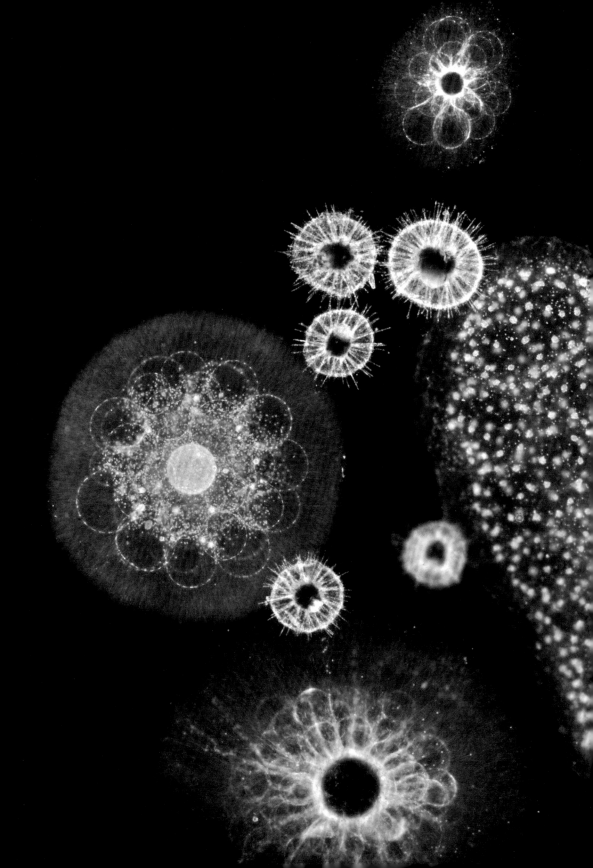

1

"生命"
是什么

该照片呈现的是采集自滨海自由城海湾的几种浮游生物。它们是等幅骨虫和放射虫，体长 50—1500 微米，都是单细胞真核生物。在这张照片中，那些小小的都是等幅骨虫，它们的细胞包裹在由径向辐射的骨针构成的骨骼内。照片中的放射虫为多个个体组成的居群，肉眼可见的外形是由它们的中央囊塑造的。

"生命"这个词本身的通用含义按理说很好理解，然而要研究人员给出普适的定义仍属难题，且不可能将其套入一个用诸多严格标准分隔的框架，即便是个别极端生命也毫无例外。尽管生命的各种定义之间有一些微妙的区别，且部分定义借用了不同领域（生物学、物理化学、信息论等）的术语，但绝大多数有关"生命"过程（或说系统）的定义都以各自的方式提及三个特质：复杂大分子结构的自组织，从环境中获取必要能量以维持该自组织（新陈代谢），以大体上相同的方式进行繁殖或复制。由此可知，自组织、新陈代谢、繁殖，此三点乃所有生命的特征性"支柱"。这样的定义是一段漫长历史进程的结果：随着相关认识的进步，各个时代的生物学家都不得不对生命及其特征重新作出定义。

不同年代的生命观

截至 17 世纪之前的主流观点认为：动物和植物主要特点便是拥有与呼吸息息相关的本原，即"灵魂"。然而，这些"灵魂"数量几何，它们是否能脱离躯体独立存在？对此众说纷纭。亚里士多德（Aristotle）提出生命具有三种灵魂：确保基本生命功能的"植物灵魂"，动物特有的负责运动功能的"运动灵魂"，人类特有的"智慧灵魂"。亚里士多德的对手德谟克利特（Democritus）、伊壁鸠鲁（Epicurus）和卢克莱修（Lucretius）则支持原子论。原子论认为，所有生物都由最小的物质微粒"原子"结合构成。

伽利略（Galileo Galilei）和笛卡儿（René Descartes）改变了一切。他们的宇宙机械论（该理论认为一切自然现象都是一系列因果联系，不具目的性）被推广至生物，将生物视为简单的机器，而人类的不同之处就是保留有理性灵魂。

然而，此种机械还原论实属生硬且天真。生命与机器截然不同，并非如某些人想象的那样拥有杠杆和滑轮。18 世纪初，在化学家格奥尔格·施塔尔（Georg Ernst Stahl）的推动下，活力论问世。活力论认为，生命系统不仅遵循物质定律，还另外依循一种"活力"原理"活动"。尽管活力论已在 20 世纪被摒弃，但不可否认的是，该理论在 18—19 世纪被众多博物学家和生物学家所认同。诚然，他们认同的往往并非施塔尔鼓吹的精气活力论，而是一种"温和的"活力论，强调生命的特性（在当时的知识水平下）是无法用化学和物理学解释的。克洛德·贝尔纳（Claude Bernard）和巴斯德都认为，生命的化学机制与有机化学家能研究的范畴不同，且这种特殊的化学机制是生命的组织结构代代相传的结果。

随后，19 世纪下半叶达尔文提出进化论，20 世纪中期分子生物学盛行，这使得生物学的活力论被摒弃，一同消失的还有目的论以及与其相关的一些形而上学理论。如今的主流观点是，生命的进化是随机突变和自然选择共同作用的结果。

生物的结构和功能取决于细胞内部大分子的特性，也取决于遗传信息，遗传信息的存在使得生物的结构和功能通过可靠的繁殖代代传承。

令人意外的是，相比生物学家，以尽可能普适的方式定义"生命"更困扰物理学家、化学家或地外生物学家。地外生物学家试图通过生命定义再现生命行为或探测生物征迹（生物活动留下的物质痕迹），但事实上，目前他们只能研究地球上的生物，而这些生物都是由一些基本相同的分子成分（核酸、蛋白质、脂类）构成基石，每一种成分均有其特定的功能：核酸保存并操控信息，蛋白质负责组织结构和催化生物化学反应，脂类划分各细胞区室的空间。在地球上，若有多个这样的基础成分同时存在于一个物体中，那么该物体属于"生命"。

除此基础组分之外，多样性、丰富性和无序性共同构成了生命世界的特征，并由此形成了针对性研究生命的学科——生物学。这是一门实质上很松散的学科，其研究结果无法预测，应用实施亦极难规划。即便顺着老普林尼（Gaius Plinius Secundus）的先验直觉，即"自然的伟大藏于其最微小的产物之

中 *”，我们把研究局限于微生物，我们仍会面临一片无穷的探索领域：即便处于沸腾的酸液中依然舒适自如的嗜极古菌、能在永冻土中保持活性 3 万年的巨型病毒、依靠铁或二氧化碳呼吸的细菌、埋藏在深海沉积物中的神秘微生物……生命已经掌握了在地球上最不宜居的角落繁衍生息的本领。因此我们必须到处探索生命，不遗漏任何地方。我们现在十分肯定，所有生命形态都得严格依循热力学定律和化学定律才能存在，然而，生命的进化具有极高的创造性，我们还无法对其作出预测，我们只能满足于通过发现来了解它们。对生物学家而言最具幸福感的是，尽管近年来生物学研究取得的辉煌进步已通过融合从代谢物到生态系统的多学科、多尺度课题，引发了生物学的深层变革，但他们钻研的领域仍充满惊喜。

地外生物学

地外生物学（亦称“天体生物学”）是一个相对较新的研究领域。该学科旨在了解生命是何时、以何种方式出现在地球上，并据此判断生命有可能出现于其他地方的推测是否合理。对地球生命起源及其限制条件的进一步了解，为科学推理如何在太阳系和太阳系之外探索生命提供了有力支撑。我们很难说哪些研究人员是“地外生物学家”，准确而言，是一些化学家、生物学家、地质学家、天体物理学家甚或人文学科研究人员，运用各自领域的专业知识和技术共同研究地外生物学。在法国，这一科学团体包含约 200 名研究人员。该团体依托成立于 2009 年的法国地外生物学学会（通用缩写 SFE，其官网为 www.exobiologie.fr）组建。法国国家空间研究中心（CNES）亦拥有一个对应的跨学科工作组。

---

* 原文为 *“Natura nus quam magis est tota quam in minimis”*，在古尔德（Stephen Jay Gould）的著作《熊猫的拇指——关于自然史的更多思考》（*The Panda's Thumb：More Reflections in Natural History*，1980）的序中有提及。

生命起源问题——生命研究中最根本的问题，然而每一代研究者中都只有极少数人研究此问题——传统上是从两个不同的角度探索的：研究生命的基石及生命的特殊大分子出现在原始地球的条件；解开关于"生命"的功能性子系统（新陈代谢、复制）及其基石（细胞）的组织结构的涌现问题。

始于 1930 年代的这些研究工作获得了若干关于地球生命起源的可能场景，这些场景往往相互矛盾、不可调和，几乎是对物理学和（或）化学层面上可能出现过程的神话式"描述"，其中仅极少部分有经验基础，有时甚至是基于不准确、不完整的数据（地球原始大气、太阳系的起源及其动力学、忽略系外行星等）得出的。此类关于生命起源的早期描述还忽略了一点：微生物在新陈代谢上表现出令人难以置信的创造性，即便生活在（看似）最不宜生存的环境中，微生物也可以从中获取必要的能量。

随着人们对微生物多样性及其获取能量的基本生物物理学过程的认识取得重大进步，外加地球科学和行星科学所提供的跨学科知识，针对"生命"的起源及其特性的研究不再滞留于"讲故事"阶段，而是进入了实验纪元，通过实验，人们已开始推翻那些毫无可能性的场景。本章内容便是介绍这些惊人发现的其中一二，以及这些发现带来的新的思考与质疑。

自主性，生命最本质的特征?

1970 年，雅克·莫诺（Jacques Monod）发表了《偶然性和必然性》（*Le Hasard et la Nécessité*），自此，人们认为任何生命都具备一个十分重要的特征，即"自主性"（autonomy，或说"自律性"）。本章开头提及的生命三种主要特质——自组织、新陈代谢和繁殖，都关乎自主性。在断言所有生命都是"自主的"时，我们通常是在强调，它们具备一种稳态（指生物体内可不受外界干扰地维持某种平衡的特性，就仿佛生物具有特定屏障可将自身与环境相隔离），并且生命主要是其自身活动的产物，即生命自行生产且自行修复。此外，将病毒从生命范畴剔除的最常用标准之一便是自主性标准：病毒自身不具备代谢系统，因此不能被视作"生命"。然而，近 20 年来的生物学研究表明：此观点虽非谬误，但可能片面，因为生命兼具"自律性"和"他律性"（heteronomy）。近年有关共生的研究成果表明，出于生理学因素以及发育的需要，大多数生物都高度依赖其他生命（图 1.1）。植物、无脊椎动物甚至哺乳动物，若不与某些共生体交互，会出现其发育状况及生理状况欠佳，甚至会出现功能失调。因此，我们越来越清晰地认识到，生命的"自律性"是建立在一种"他律性"的基础上，此处所指他律性，是指与若干其他生命之间非常有用的甚至必要的交互作用。在此意义上，我们自身的生物学边界以及守护这些边界的生物学系统（如免疫系统）是宿主和共生体之间持续不断交流和共建的产物。这些最新研究成果的结论之一在于，所有生命都表现出一定程度的他律性，并且人们不能再像过去那样轻易将病毒之类的存在从生命世界剔除。

1 生命：既有基石亦有能量

生命构建的物质组织形式与无机世界截然不同。生命主要由水构成（人体含水量约 65%，部分水生生物可达 98% 以上），当然还有其他成分，不过这些物质在地球现有水域中的含量没有在生物体内高。此外，生命具有一系列特性，使自身得以从周围的固体、液体和气体环境中被区分出来。生命为了生存通常有进食及排泄行为。生命从各式各样的源头——二氧化碳和太阳（植物）、岩石（所谓的"无机营养"细菌）、产自其他生命的物质（人类等"异养生物"）——汲取物质与能量，并排泄特定物质构成的"废物"（其中包括植物排出的氧气）和热量。生命具有特殊的动力学特性，它们以特有的方式繁殖并进化。而以上这些现象不会在一块石头、一杯水或空气中显现。此般差异一直

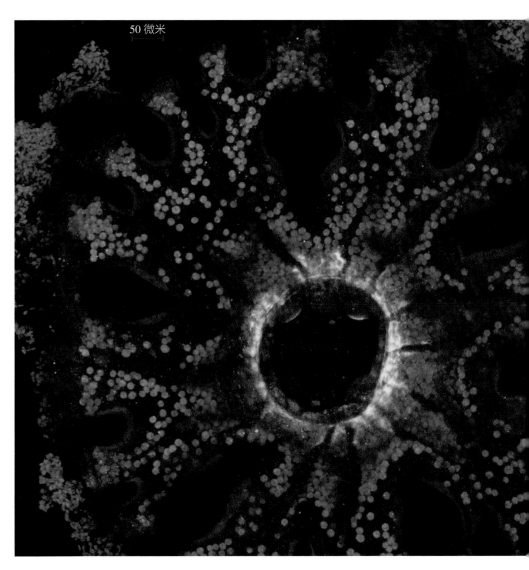

图 1.1　鹿角杯形珊瑚 (*Pocillopora damicornis*)

该珊瑚为造礁珊瑚, 图为共焦显微镜下放大 10 倍的水螅型珊瑚虫。该样本提取于澳大利亚东岸、大堡礁内的俄耳甫斯岛 (Orpheus Island)。图中绿色部分为与该刺胞动物共生的藻类, 红色部分是在钙化区或骨骼生长区域堆积的线粒体, 黄色光晕为珊瑚天然产生的绿色荧光蛋白发出的荧光。

引导着人类思考非生命是如何转变为生命的。

　　旨在再现生命进化过程的现代研究如今整合了此前无法实现的地球生态单元（如海床或深层岩石）探索、天体（如彗星）组分研究及古老岩石分析，以便重建原始地球环境。相关信息对生命古老遗迹化石的研究以及对当代生命遗传信息过往的推论都有所补全。虽然仍有众多问题待解答，但以上所有研究已经可以勾勒出导致生命涌现的关键进化阶段。

　　生命是一种约 40 亿年前出现的自然现象，若采纳最新研究的说法（Nutman et al.，2016），首批微生物可追溯至 37 亿年前。现有的模拟太阳系形成及演化的模型为某些化学过程的涌现提供了可信的框架，这些化学过程与如今在生命体内观察到的相似。作为一颗年轻的行星，地球能量丰富，且在地质学层面上很活跃；地球还曾遭遇大量彗星及小行星的撞击，这使得地球上富含生命体内某些分子的前体。

　　尽管有假说认为，生命基石源于地球之外，但部分"复杂"分子可以由地球上的简单分子合成。斯坦利·米勒（Stanley Miller）等人于 1953 年进行的著名实验表明，诸如水、氨、甲烷、氢气之类的简单分子有可能形成蛋白质的基石（氨基酸）。基于该实验的新近研究结果表明，构成其他生物分子（核酸、糖类）的成分（核苷酸、单糖），除了从简单分子中获取，亦可以通过一些数量较少但催化潜能似金属般惊人的物质来获取。尽管今后我们可以认为，导致生命原始过程涌现的基石合成不再是一个谜，但这些基石确切的性质和来源可能注定未知。

　　然而，对于基石的组织结构如何导致细胞（包含所有生命活动过程的基础单元）形成，仍有众多问题待解决。这些基石如何聚集从而产生聚合物之类更加复杂的分子？此类聚合物如何达到在生命体内观察到的浓度？新陈代谢是如何被激活的？这三个问题又引出了能量在生命的涌现与存活方面的关键作用的问题。这些分子集合又是如何得以代代复制，且在每一代仅引发细微误差从而使生命系统进化的？这关乎生命特有的动力特性。

基于局部异质性的理论框架，为进行相关实验以解答上述部分问题提供了依据。就能量方面而言，人们现今认为生命是在富含能量和（或）化学反应活跃的地方涌现的。因此，相比达尔文提出的"温暖的小池塘"（warm little pond），那些含有黏土或黄铁矿的地表、火山活跃地区的水域抑或海底热液源都更利于生命的涌现。至于物质方面，则有多种假说。其中一种认为，细胞的部分特定组分（蛋白质、核酸或脂类）首先出现，随后决定了其他构成元素的出现。考虑到如今各细胞组分之间的关系错综复杂，这些假说多少都陷入了"先有鸡还是先有蛋"的困境。为摆脱这一困境，其他研究人员引用了协同进化模型。

关于生命基石如何实现生命细胞的组织结构，目前还没有哪套理论框架能以令人满意的方式整合其中所有阶段。不过，这局面或将随着各方努力很快改变：系统化学在不断发展，物理学家和投身非生命如何向生命过渡课题的研究人员之间的交流与日俱增，如今还有基于微流控的高通量筛选工具，再加上对系外行星生物征迹的探寻未来可期。最近这种有利的结合推动了全球各大国际研究中心若干研究项目的开展，以及若干雄心勃勃的实验项目的设计与启动——实验旨在模拟原始地球及其他行星的各种理化环境，并在相应的环境下合成生命。

尽管人们始终不了解生命基石是如何变为生命体内携带信息的RNA（核糖核酸）、DNA以及蛋白质等大分子，但是通过对现代细胞进行分子分析，可以再现这三种主要大分子的出现顺序。2000年，随着制造蛋白质的分子机器核糖体的结构被明确（图1.2），研究人员迈出了历史性的一大步。相关研究成果表明，是核糖体RNA聚合了氨基酸以形成蛋白质。因此，作为DNA前身的RNA或许先于蛋白质出现（部分进化论研究人员认为这一主张仍只是假说），随后部分蛋白质通过修饰RNA改造出了DNA。为何会这样？这一主张现在仍充满争议。DNA作为经化学修饰的特殊形态RNA，其分子结构比RNA稳定，这也使得大型基因组（例如人类基因组）得以进化。此选择优势在只有小型基因组的首批 RNA 细胞时代是否足够突出？DNA 是否因细胞和病毒的竞争才得以出现？（事实上，人们发现，许多病毒对自身基因组进行了化学修饰以抵御宿主的防卫，反之亦是如此。）所有这些问题仍悬而未决，并且在接下来的数年内，对此类问题的研究肯定会带来诸多惊人发现。

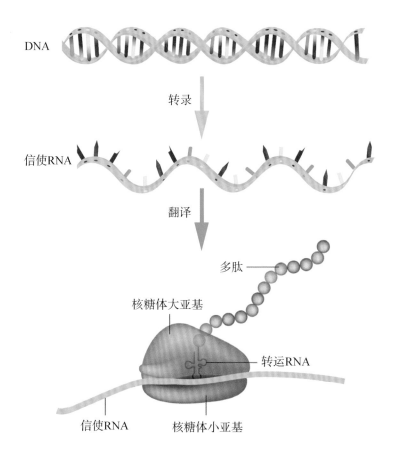

图 1.2　核糖体与蛋白质合成

核糖体是保障蛋白质合成的分子机器。

2 原始汤并非（完全）"自制"

我们还不了解化学是如何自然而然地向生物学演化的。不过，有一个假设人们普遍认同：液态水和有机物质（碳基分子）结合某能源（如太阳紫外辐射），最终使得原始地球环境里出现了可自复制并进化的结构，这便是地球上最初的生命。整个过程的开展仅仅遵循化学定律。我们所了解的如今生命不可或缺的分子——一类是蛋白质，一类是 DNA 和（或）RNA——还有生命的所有化学前体，都是在生命出现之前就基于人们眼中相对简单且含量丰富的成分演化而来的。

关于此类成分从何而来，充满争论。相应的化学反应可能始于地球大气层——正如米勒于 1953 年所证明的，在水蒸气、氨、甲烷和氢气的混合物中模拟闪电的简单放电作用便令氨基酸自发形成（图 1.3）。然而，该类实验场景的有效性会因所选初始混合物组分不同而显著变化。地球原始大气层自形成以来一直在逐渐变化，生命出现在地球上之后尤甚，因此，生命出现之前的大气组分依然存疑。还有人证明，最初是海底热液源中产生了一种特殊的化学反应（Bassez et al.，2009）。但同样地，关于此类原始热液源的准确丰度及性质，我们还不知晓。

人们能确定的是，一些陨星（碳质球粒陨石）和微陨星含有机物质（Martins，2011）。我们如今分析的陨星与生命刚出现时坠落于地球的陨星组分相同。有了这些样本，我们得以初步了解让生命涌现的原始汤的部分成分。在太阳系中，彗星是有机物质含量最丰富的一类天体。欧洲空间局（ESA）的"罗塞塔号"探测器对 67P/ 丘留莫夫 – 格拉西缅科彗星进行了为期两年的探测（图 1.4）。其机载科学仪器的数据还未被完整分析，但目前的整理结果已经证实：彗星组分中存在一种氨基酸，即甘氨酸（Altwegg et al.，2016）。

通过再现紫外线对实验室模拟的"彗星冰"（水、甲醇、氨和二氧化碳的混合物）的作用，一支法国研究团队证明，彗核可能还包含其他被视为生命出现

图 1.3 化学家米勒与其实验装置

图为米勒使用该实验装置证明原始地球的条件适合孵化生命。

所必需的分子,如 RNA 的"脊柱"核糖(Meinert et al., 2016)。实际上,在此类模拟中形成过数以万计各不相同的分子(Danger et al., 2016)。这些实验还表明,蛋白质中氨基酸的构型(多为不对称的 L 型,而非与其互为镜像的 D 型)可能是受太空中某类恒星发出的偏振紫外辐射作用的结果(Modica et al., 2014)。

由此,原始地球环境的组分加上地外输送的物质,最终促成了生命的出现。然而,在彗星和碳粒陨星中探测出氨基酸或 DNA 和(或)RNA 的部分组成元素并不足以回答生命起源问题。现代前生命化学的挑战不再是确定大气

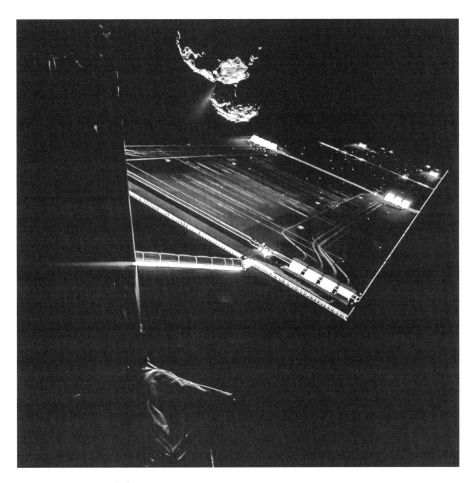

图 1.4　源自别处的生命？

"罗塞塔号"探测器观测到的 67P/ 丘留莫夫 – 格拉西缅科彗星的彗核。该自拍照片是由装在
"菲莱"登陆器边缘的彗核红外可见光分析仪（CIVA）完成的，摄于登陆器着陆彗核前数日。
照片近景处可看到探测器的太阳电池板。彗星是太阳系中有机物质含量最丰富的天体，它
们可能通过为地球带来生命出现所必需的化学成分，促成了地球生命起源。

反应、热液反应抑或地外有机物质的输入在多大程度上起到关键作用，因为很
可能这三方面源头对此有不同程度的贡献，现今要了解的是最初的大分子如
何从基础元素（对蛋白质而言是氨基酸，对 RNA 而言是核苷酸）集结而成。

013

经过数十年的反复实验，相关领域近些年取得了巨大的进步（Patel et al.，2015；Powner et al.，2009）。阻碍重重的"经典"前生命化学力求实现砖块化合成，例如，先分别形成糖类（核糖）、含氮碱基（如腺嘌呤）、磷酸盐，然后尝试将它们结合成核苷酸；如今借助系统化学手段的新合成途径可直接合成核苷酸，无须先合成前体。然而，前生命化学的发现还远不能让我们在实验室重新创造生命，况且这也并非此类研究的目的。研究目的首先在于确定使得地球生命出现的化学过程是否通用，以及如果出现与原始地球环境相似的条件，此类化学过程是否可以再现。

3 别处的生命？

对地外生命的探索直到最近才被科学界普遍重视，这种转变主要源于我们对地球生命及其起源的认识取得不小的进步。随着探索太阳系的空间探测器和机器人的活跃，人们探索地球外部环境的能力不断提升。现代天文望远镜为我们开启了一个广阔无垠的新调研领域，即对系外行星的调研，而相应的星球特征描述才刚刚起步。

基于液态水是生命出现的必要条件（但不一定是充分条件）这一假设，火星是开展相关探索的首选试金石。实际上现已确定，火星表面曾有液态水流淌，陨星和彗星应也曾为火星带来有机物质（Bibring et al.，2006；Freissinet et al.，2015）。在邻近天体中，唯有此处可测试我们对生命出现机制的理解：基于"液态水 + 有机物质 = 生命"原理，生命何以出现？尽管火星环境一度适宜孵化生命，然而火星形成后的数亿年间，其环境经历了深刻改变：大气被太阳风"吹散"，火星大气层逐渐缺失，导致大气压力变得微乎其微，火星表面的水无法保持液态。因而，我们在如今的火星上只能寻得些许曾经的生命痕迹，其他一无所有。尽管如此，鉴于已知地球生命对极端环境有强大的适应能力，我们也不能完全排除一种可能性：火星生命在火星失去大气层、变干燥的同时，可能逐渐进化并适应了新环境。这一切的前提是火星上出现过生命，然而目前并无法证实这一点。欧洲空间局和俄罗斯航天集团（Roskosmos）联合开发了ExoMars（火星地外生物学）项目，其中ExoMars 2020[*]任务将载送一个可挖掘至地下2米深的机器人，该项目计划在2030年代初提供关于火星生命迹象的宝贵数据。

除了火星，太阳系其他一些天体也被视作地外生物学的关注对象。受益于美国"伽利略号"和美欧合作项目"卡西尼－惠更斯号"的空间探测，我们15年前就发现，木星和土星的一些卫星厚厚的冰层可能覆盖着广阔的液态海洋。在此情境下，又有问题应运而生：可进化成一种生命形态的有机物质从何而来？土星最大的卫星土卫六拥有浓厚的大气层，且富含有机化合物，与地球有众多相似之处。这意味着，土卫六对地外生物学而言是一个理想天体（Raulin et al.，2012）。至于其他大气层不够浓厚的卫星，有机分子可能合成于海底热液源。而这些卫星中的绝大多数，包括木星的木卫三和木卫四，甚或土卫六，其海洋可能被夹在两层数百千米厚的冰层之间。其中还有两个天体与众不同：木星的木卫二和土星的一颗小卫星土卫二，后者堪称"卡西尼－惠更斯号"任务的最大惊喜（McKay et al.，2008；图1.5）。在这两颗卫星上，覆盖液态海洋的冰层仅数十千米厚，且海水可能渗入下方的岩质地幔。这意味着可能存在深层热液源，那里作为有机合成的发生地，可导致生命形态出现。然而这一切仍属逻辑推导，目前还无法评估此类环境下存在活体生物的可能性。虽然我们还不具备相应技术能力，无法传送机器人去破冰并探索这些遥远的海洋，但此类任务未来可期。

在太阳系之外，我们迄今已探测了3500多个系外行星。基于该集合建立的统计数据可预测，在大小与太阳相似或比太阳小的恒星中，25%—50%的恒

---

[*] 由于欧洲空间局的发射多次延期，该任务已从最初的ExoMars 2018更名为ExoMars 2022，并随着2022年的俄乌冲突，被欧洲空间局单方面暂停了。——译者

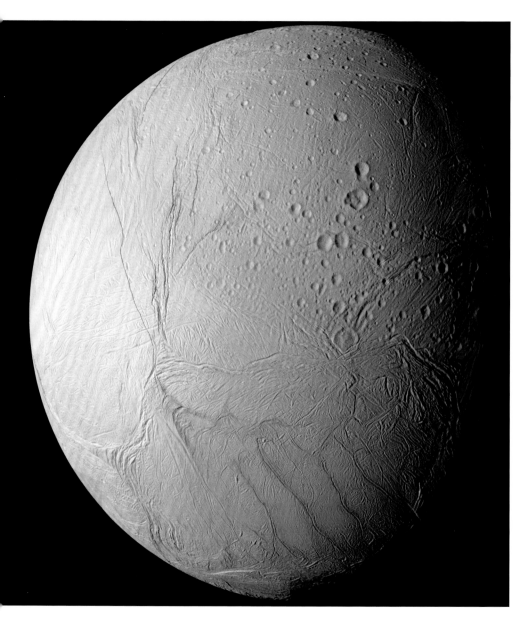

图 1.5 "卡西尼号" 探测器拍摄的土卫二

其表面数十千米之下可能存在海洋。

星都拥有一颗位于宜居带的系外类地行星（Winn et Fabrycky，2015）。由于距离过远，人们尚无法开展相关探索，但可以肯定的是，总有一天我们会造出能根据它们的辐射（尤其是可见光和红外线范围）分析其大气组分的望远镜。或许，部分行星大气组分与地球大气组分类似，其他行星的大气组分则与火星或金星的相近，抑或是完全意想不到的组分。化学家、生物学家和天文学家届时都将力求了解：是否存在这样一种生物征迹，只有某种生命形态的存在才能对其作出解释。

如果最终我们在地球之外发现了生命，那不会是根据单一观察结果所得的结论，也不会是一夜之间就能消除我们所深陷的不确定性的新发现。那很可能会是一张千丝万缕、错综复杂的线索网络，研究人员必须对其充分梳理才能构建出确切的证据。前路漫漫，但极有可能于 21 世纪我们便可回答以下问题：我们在宇宙中是孤独的吗？对此问题的探索与我们有望给出的答案本质上将是跨学科的。随着调查范围越来越广，研究工具也越来越精细，我们的知识使我们趋向于认为，理论上没有什么能阻止生命存在于别处，但是迄今我们只了解地球生命这一种生命形态，因此我们也无法以概率论之。不过，我们至少拥有一套研究方法和若干工具来开展今后的工作。

4 极端环境下的生命

一些特殊甚至"极端"的生命形态使得"适用于所有生命的普遍性标准"遭受质疑，甚至被推翻。

最近 30 年的研究以戏剧化的方式，推翻了人们曾认为的物理学层面的生命极限。研究人员发现，一些微生物可以在极高温或极低温、强酸性或强碱性，抑或饱和浓盐的环境中保持最佳活性；还有一些微生物可在极端胁迫的条件——水分胁迫、高浓度重金属胁迫、高剂量放射性辐射胁迫或高压胁迫——下存活。这些微生物统称为"嗜极生物"，拥有产生"极端酶"的能力，因而成为特别的研究对象。通过研究抗辐射奇异球菌（*Deinococcus radiodurans*）之类的抗辐射细菌（图 1.6），两支法国团队揭示了可抵御细胞老化效应的全新机制（Zahradka et al., 2006）。需要谨记的是，这类极端抗性案例并非仅仅存在于微生物的世界里。动物界中有一个门的动物多为体长不超过 1 毫米的嗜极无脊椎动物，统称缓步动物，除非直接碾压，否则基本无法杀死它们（图 1.7）。

在嗜极生物中，嗜热微生物（最佳生存温度超过 60 ℃）和超嗜热微生物（最佳生存温度高于 80 ℃）受到的关注最多。事实上，我们至今未发现可以生活在 60 ℃以上高温中的真核生物。人们始终无法理解为何真核生物无法在高温环境中生活，这仍是生物学一大谜题。

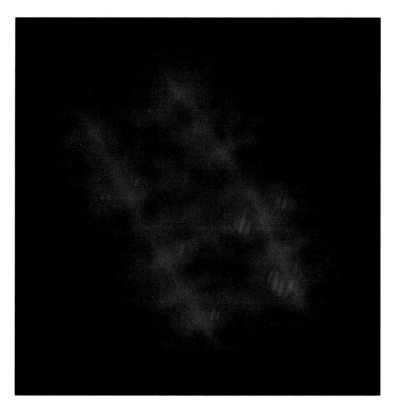

图 1.6　抗辐射奇异球菌形成的小菌落

红色部分为细胞膜，蓝色部分为 DNA。

图 1.7　俗称水熊虫的缓步动物

缓步动物是无脊椎动物，长约 1 毫米，可以耐受对几乎所有其他生命形态而言致命的极端胁迫环境。它们被发现于喜马拉雅山顶，可在沸水中存活，亦可忍受 300 倍大气压，并且可耐受的辐射剂量对绝大多数生命而言已达致死剂量。于南极洲采集的样本之一甚至打破了冷冻动物长寿纪录：它在被冷冻 30 年之后苏醒，还产下卵（Tsujimoto et al., 2016）。

　　虽然部分细菌可在高达 95 ℃的温度下生存，但只有古菌（在超嗜热生物中占多数）能在接近水沸点的温度（高压下可达 113 ℃）下生存。这种情况似乎得归因于古菌特有的脂类：它们的独特能力可以使得细胞膜在 0—110 ℃中保持流体状态的同时不让离子渗透。

　　在超嗜热生物的分子研究中，法国研究团队功不可没，尤其是发现并确定了此类生物特有的逆旋转酶（reverse gyrase），正是该酶使得 DNA 分子能在高温下运作。通过比较基因组学，人们发现，存活于 80 ℃以上高温的生物体内普遍具有编码该酶的基因，而只能在 60 ℃以下生存的生物普遍缺失该基因。法国和日本研究人员的研究成果证实，逆旋转酶就像一把分子螺丝刀，可以收紧 DNA 双螺旋的螺距。然而，我们始终不知晓逆旋转酶如何在细胞内部维持

DNA 的稳定性：令人惊讶的是，超嗜热生物细胞内的双螺旋螺距并没有根本性不同！

1970—1980 年代发现的超嗜热生物揭示了此前从未被确认的微生物类群——古菌，它随即与传统意义上的细菌以及真核生物被划分为并列的生命三域（见下一章）。这使得生命起源于高温之观点再次被提出。然而，现代超嗜热生物是具有极精巧分子系统的复杂生物。一支里昂的团队指出，他们通过计算机再现了生命三域最近普适共同祖先（Last Universal Common Ancestor，通用缩写 LUCA）的祖先序列，发现 LUCA 可能并非超嗜热生物。该团队还证明，细菌的祖先与古菌的祖先很可能都生活在高温之下。非嗜热的 LUCA 如何变为嗜热的细菌祖先及古菌祖先？答案同样不得而知。

非嗜热的 LUCA 并不意味着生命不是诞生于高温中，因为从生命起源到 LUCA 出现经历了漫长的时间。生命极有可能经历过一个无 DNA 的阶段，而该阶段的基因组可能由不耐高温的 RNA 构成。尽管很难想象一个耐极高温的 RNA 世界，但目前的一些设想表明，最初的生命形态可能出现于地面或海底的热泉（或温泉）中——这些著名的"黑烟囱"或"白烟囱"，其温度可达 200—300 ℃。

对关注生命史最初阶段的进化论学者而言，古菌的发现打开了"潘多拉之盒"。时至今日，关于生命三域之间的亲缘关系，多种观念针锋相对。然而，所有观点一致认同，古菌（无细胞核的微生物）和我们真核生物之间存在意外的进化亲缘关系。这一关系可对各个域都产生无法预料的影响。例如，一支法国团队发现了一个新蛋白质家族（称作 SPO11），这类蛋白质能切断生活于日本一热泉中的古菌的 DNA 双螺旋。通过该发现，人们首次鉴定出精子和卵细胞形成时切断染色体、使亲代染色体得以混合的蛋白质。另有两支法国团队证明，这类蛋白质是某个复合体的一部分，该复合体与在古菌细胞分裂末期将染色体分开的蛋白质复合体类似。研究结果还表明，同属该家族的一种蛋白质决定了植物的大小。因而，古菌、人类的有性生殖以及森林大小之间，存在某种隐秘的联系！

以上例子展示出，针对地球每个角落各种微生物的研究如何在证实生命世界统一性的同时，为我们提供越来越强大的分子工具以更好地理解并利用生命，使得我们可以更精确地描绘生命世界的轮廓。

5 地内生命："失落之城"的微生物

1979 年，"阿尔文号"深潜器带回了海底热液源的首批照片，这些照片使得"生命的发展只能依靠太阳提供的光能"之观点遭到质疑。这些有生命繁衍的"深海绿洲"证明，存在不依赖光合作用的生态系统，此类生态系统得以存续完全是地质过程以及相关化学反应的结果。海底嗜极生物的能量源于热液源——这些"海底烟囱"可释放的热量与一个小型核电站的装机容量相当（200—1000 兆瓦）——喷发的酸性热流体以及金属。

这些热液源有着怎样的秘密？它们汇聚了因在深层岩石间流动而携有电子供体化合物的流体，以及富含电子受体的海水，由此产生了能量丰富和（或）化学反应活跃的区域，此类区域对生命有利。自 1970 年代起，已有 200 多处热液源得到鉴定，而这些可能仅是地球上活跃热液源的"冰山一角"。2000 年代初，人们在大西洋中脊 900 米深处发现了一种新型热液系统"失落之城"（Lost City），该热液系统的发现颠覆了人们对生命发展方式的认知，从而为寻找其他行星上的生命开启了别样视角。在这处 60 米高的巨型白塔林立之地，"失落之城"排放出由岩石天然产生的氢气和碳氢化合物，为局地微生物群落的发展提供了必要的能量，其中有些微生物很早就现身于进化史。与以前记录的相比，该热液区释出的流体的温度偏低（低于 90 ℃），酸性也较弱，这样的环境为"生命基石"的出现提供了更有利于其稳定的条件。

由于其新颖性和独特性，"失落之城"近 15 年来一直是热门话题。而在法

地内生命：生物技术的新趋向

除了提供生命涌现的新情景，深部生物圈或许还可以为能源领域寻求创新解决方案（包括以矿物质形式储存二氧化碳、用于储能和光伏产业的天然氢生产或新材料合成）打开一个突破口。事实上，在自然界中观察到的微生物代谢方式多种多样，并且微生物能与多种元素、矿物质交互，这些现象构建出若干资源，而我们对此探索甚少。这些新型的化学反应与合成途径不同于传统化学抑或生物化学，可以为生物技术提供一个新发展趋向。酶催化可在低温下起作用，且其催化活性能以可逆或不可逆的方式激活或失活，从提高能效的角度来看特别引人关注。对于制造新型纳米（生物）材料或微（生物）材料，微生物的合成能力也是值得关注的话题。无论是在受控条件下再现天然微生物过程，抑或利用定向进化来重新引导并优化这些过程，都对探索并利用与深部生物圈相关的反应意义重大，同时，我们也可以进一步了解微生物与矿物质之间的交互，以及与这些交互反应相关的基础机制。

国团队的努力下，与"失落之城"有着同样的化学、生物学和矿物学特性，位于新喀里多尼亚普罗尼海湾仅 50 米深处的另一热液源（图 1.8）重获名誉。该热液源在 1985 年被法国地质学家发现时并未引起关注，直到 2005 年努美阿一家实验室评估了其规模，它才得到国际社会的关注。事实上，尽管普罗尼热液源距离"失落之城"超过 17 000 千米，但两者庇护的古菌菌落十分相似——这值得再研究数十年。

地幔里的"橄榄岩"会经由构造过程在海底或所谓的"蛇绿岩"山脉露头，对本身就发生在如此特别的热液系统中的化能合成而言，这些地幔岩石构成了有特殊价值的环境。橄榄岩遇水不稳定，构成这类岩石的硅酸盐能通过水合作用产生大量的氢。通过还原海水或地幔中的二氧化碳，这些氢可促使非

图 1.8　热液烟囱和微生物

a. 位于新喀里多尼亚普罗尼海湾的热液烟囱；b. 电子显微镜照片显示，微生物细胞栖身于构成这些烟囱的含镁矿物中（比例尺 =1 微米）。

生物成因的甲烷之类的轻烃形成，从而为微生物群落的发展提供必要的代谢能量。最近，一支法国和意大利的合作团队首次提供了直接证据，证明一些深海生态系统是由大洋地幔水合作用衍生的挥发性化合物所维系，从而将微生物定植范围扩大至岩石圈数千米深度，远远超出海底热液系统的界限。

由于沿着 60 000 千米洋脊形成的岩石圈主要由橄榄岩构成，且这些岩石在慢速扩张洋脊和超慢速扩张洋脊（扩张速率小于 60 毫米 / 年）的海床露头，同时周遭的海水经历着数千米的深层循环，所以此类环境可构建出地球上最庞大的微生物栖息地。一系列问题应运而生：此类深海生态系统在碳固存中起到什么作用？相应的初级生产*率为多少？有哪些物理化学因素限制了该初级生产？尽管被全球模型忽视至今，但地内生命似乎在地球的演化史上扮演（过）至关重要的角色，如同岩石圈、海洋和大气之间的交换介质。

地内生命的反抗

岩石圈内数千米范围都有生态系统，这自然而然带出了它们的反应性问题：对底土的开发过程中，尤其当人们力图将放射性废物或温室效应气体，特别是二氧化碳暂时或永久封存于地下，地内生态系统会有何反应？在这些所谓的"地质封存"作业中，微生物对注入的二氧化碳的未来影响仍鲜被纳入考量，无论是它们对气体注入的响应，还是它们在不同时间尺度上对碳固存的反应所起的作用。目前，由于相关主题的研究成果匮乏，我们并不了解生物诱导或生物调控过程的重要性，很难预测其风险和影响。然而，这些地内微生物可能造成一些不良影响，譬如，在注入井中产生硫酸，腐蚀钢质装置；释放甲烷或一氧化二氮（这两种气体产生的温室效应分别为二氧化碳的 23 倍和 298 倍）；形成生物膜导致封存区堵

---

* 基于某种能源（光、甲烷气体等）和无机化合物（氧气、二氧化碳、水）生产有机物质。

塞，并因此造成生物矿物沉积。近年，一个国际项目力图在冰岛证明以固态碳酸盐形式永久封存二氧化碳的可行性时，就遇到了上述类型的难题（图1.9）。该项目旨在让玄武岩发生反应，因为玄武岩天然适合将这种温

图1.9　地内生命的反抗

a. 冰岛赫利舍迪地热电站每年排放4万吨二氧化碳和1.6万吨硫化氢，冰岛企业Carbfix尝试把这些气体注入地下，让它们与周围的玄武岩反应从而将气体转变为岩石。b. 这些极易与二氧化碳发生反应的岩石庇护着若干生态系统。在2012年开展的气体注入最初阶段，这些原本鲜为人知的生态系统对项目产生了巨大影响，主要造成注入口被厚厚的生物膜堵塞，并加速了围岩分解。

室气体转化为稳定且无害的矿物质。然而，正如法国一支研究团队所指出的，该项目没有考虑生活于玄武岩岩浆中、已与环境保持平衡的地内生命。最初的目标是往深度为 400—800 米且温度保持在 40—80 ℃（即具备生物相容性）的地层注入气体，但仅仅数月后，其中的生态系统因受碳的涌现和容矿岩溶解时释放的能量与养分刺激，使得微生物迅速增殖，导致注入口堵塞。就这样，起初被忽视的生物通过生物质的形式封存了一部分二氧化碳，从而在系统中产生影响！不过，在被换到更热的环境（高于 200 ℃）后，封存场地不再受到地内生命的干扰。

鉴于这些生物征迹对应的背景让人联想起冥古宙时期（约 45 亿—38 亿年前）的地球环境，它们为有关地球生命涌现的研究开启了有趣的新视角。要基于二氧化碳、岩石和水产生活的细胞，必须有持续的能源。蛇纹石化（serpentinization）作为海底最重要的水岩相互作用之一，似乎是一种不错的候选能源来源：它生成天然的化学能源，可以维系最初的生物化学过程，从而为微生物生态系统的出现奠定基础——相比引发地球化学过程，微生物生态系统的涌现更多是对已有地球化学过程的利用。其中的栖息地可能构成了一种前生命环境，不仅有利于地球上首批细胞的出现，也同样适用于火星生命的萌发——最近已在火星探测到此类岩石。

6 铭刻于岩石中的已消失生命形态

生命首次出现于约 37 亿年前（太古宙），"寒武纪大爆发"发生于约 6 亿年前，这两个节点之间的生命史人们知之甚少。然而正是在这段所谓的元古宙时期，生命开始多样化：最初的原核生物是单细胞微生物，只有简单的细胞膜，没有细胞核，后来出现了真核生物，真核生物为单细胞或多细胞生物，有着更复杂的组织结构和代谢功能且个头更大,其特征在于细胞内有含 DNA 的细胞核,我们人类的细胞便是如此。

地球生命史的这一阶段着实不同寻常,令众多地质学家、生物学家、古生物学家和地球化学家为之着迷。然而,对相关化石记录及其罕见遗迹的解释甚少,尤其是中元古代(约 16 亿—10 亿年前)沉积层,很久以来都是专家们热议的对象。法国团队近些年于加蓬开展的工作成果取得了一项重大突破,将宏观多细胞生物的历史起点提前了数亿年(El Albani et al., 2010,2014;图 1.10)。研究人员在有 21 亿年历史的加蓬沉积物中发现了保存完好的化石遗骸,其中迄今最古老、复杂的群体生物种类多到令人惊叹,且形态、大小各不相同,个别有 10—12 厘米长,样本密度超过每平方米 40 个样本。

位于弗朗斯维尔附近的这处加蓬化石遗址已发掘超过 600 个样本,目前统称为弗朗斯维尔生物群。该地的化石丰度和质量之高史无前例。因元古宙初期的古元古代(25 亿—16 亿年前)生物复杂性而震惊的研究人员对样本进行了最为精密的分析,以便更好地理解其性质并再现彼时的生存环境。由于使用了一种特殊的高分辨率三维扫描仪(显微断层扫描仪),研究人员得以在不破坏样本完整性的基础上,对样本进行虚拟勘探并巨细靡遗地评估其内部组织程度。凭借可测定硫同位素含量且能从黏土质沉积物中区分原先有机物质的离子束,他们可以精确绘制出构成原本生物的柔性基底的有机物和随着化石化作用而转变为黄铁矿的有机物的相对分布,并将有机物与周围沉积物区分开来。

除了矿物学和地球化学(硫同位素和铁地球化学)的分析,科学家还对化石形状和沉积构造开展研究,结果表明:加蓬这些在罕见石化条件下迅速化石化的宏观生物此前生活在含氧的海洋浅水环境,该区域通常风平浪静,但会周期性地受到潮汐、风浪与风暴的联合影响。24.5 亿—23.2 亿年前,这些生命抓住了大气游离氧含量显著升高时的短暂机遇,以前所未有的程度发展和分化,

图 1.10　铭刻于岩石中的已消失生命形态

a. 有着 21 亿年历史的宏观化石遗址在加蓬弗朗斯维尔市附近出土。b. 位于加蓬的宏观群体生物化石遗骸。c. 通过显微断层扫描对加蓬遗址三份化石样本的外部形态（图左侧）和内部形态（图右侧）进行虚拟重建。

并在 21 亿年前达到巅峰。彼时氧气浓度尽管远低于现今浓度，但已经足以使得氧气传播到水圈 30—40 米深处。接着，氧气浓度在大约 19 亿年前急剧下降，直到约 6.7 亿年前才有所恢复。对古生物学家而言，该时期是化石记录的"黑暗时代"，彼时的原始海洋变得不利于有着复杂新陈代谢的生物生存。历时 10 亿多年后，寒武纪开始，生命的多样化和扩张才迈入一个意义非凡的新时代（"寒武纪大爆发"）。

在此之前，人们都认为 20 亿年前地球上只存在微生物。然而加蓬的化石表明该时期有全新的事件突然发生：一些细胞之间开始合作，形成更大、更复杂的单元。从那时起，进化实验的一条新赛道被开启，通过丰富我们如今知晓的多细胞生物改变了生物圈，且如今多细胞生物的基因组很可能带有早期实验失败的印记。

形成群落的生命

任何生命都需要能源。对于所谓的"高等"生物，其能量来源是太阳辐射，它们或是直接通过光合作用，或是间接通过利用光合作用的产物（含碳分子和氧气），从而得以在细胞层面调动其中的能量。微生物则能够利用多种类型的"碳氢燃料"来制造其生存所需的能量。随着在极其多样的生境中发现若干新型微生物及其形形色色的能量生产策略，研究人员逐渐确信能量生产是进化的决定因子之一（Schoepp-Cothenet et al., 2013），然而人们最近才真正意识到，能量生产也是微生物群落运转的核心因子之一（Keller et Surette, 2006）。

人们对微生物代谢的认识往往只有通过模型系统研究才能取得进展。比如涉及细菌菌株等能根据环境特征来定义最佳培养条件的微生物，模型系统是在养分、微量元素、温度、pH 等都保持最优状态且受控的环境里生长的纯培养物。

然而,大自然中不存在上述理想条件,为了生存,微生物以"群落"的形式自组织成一个"先进社会",其运行对于大型的地球化学循环(碳循环、硫循环、氮循环)必不可少。这些微生物群落必须不断面对养分胁迫、干旱、竞争者的存在,抑或温度变化、pH变化、压力变化等问题。它们的群落构造最初被解读为"捕食(为了生存杀死对方)"或"互利共生(联合力量共抗逆境)"。然而,科学家近期发现,一个微生物聚生体的表型(可被观察到的所有性状)并不一定与聚生体组成元件的遗传图谱相符,这意味着可能存在某些强烈的代谢交互作用(远非简单的信号传送)、菌落临界尺寸、基质探测甚或同步的代谢行为(Zengler et Palsson, 2012)。科学家还重点指出,这些系统具有惊人的恢复力。因此,他们提出微生物群落之间可能存在其他交流模式,为了解这些先进微生物社会的发展、运行与调节开辟了一个新研究领域。

法国研究团队的新近研究成果(Benomar et al., 2015)证明,微生物可以发展一种"互助型社会"生活方式,使得它们在没有任何能源的环境中也可以生存,以便积极应对环境条件的变化。该过程要求不同种类的细菌相互间进行物理接触,并且在缺乏能量基质的时候可以建立真正的沟通渠道从而"通电"(图1.11)。这就意味着,一方面细菌界内部存在"通用的"种间信号系统,另一方面存在一些可在不需要交流时迅速将之切断的分子,以规避纯粹的能量寄生物。

这些微生物聚生体的潜能(从形成微生物区系到生物质降解)证明,微生物之间(古菌之间、古菌与细菌之间、细菌之间、细菌与病毒之间,以及真核生物、细菌与病毒三者之间)的交互作用催生了新的能力,例如微生物之间的物理交互和代谢交互会形成导向产氢代谢途径的碳通量"渠道"(生物产氢)。破译控制这些交互的分子元件是现代微生物学的新研究方向之一。一旦掌握这方面的研究,我们就有望在不修饰微生物基因组

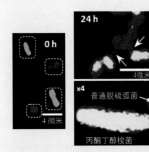

图1.11　两种细菌之间的物理接触和代谢物交换
丙酮丁醇梭菌（*Clostridium acetobutylicum*）被钙黄绿素（一种绿色荧光分子）指示为绿色，普通脱硫弧菌（*Desulfovibrio vulgaris*）则通过荧光蛋白mCherry显示为红色。初时（0 h），两细菌之间未曾进行任何交换。随即普通脱硫弧菌遭受养分胁迫。24小时（24 h）之后，右图黄色区域表明两种荧光团出现在同一处，这意味着两种细菌的两种蛋白质发生了交换。受益于细胞质的物质交换，普通脱硫弧菌的养分胁迫反而导致该细菌产生的氢气比丙酮丁醇梭菌产生的多。

的前提下将微生物的运转导向一个精确的过程。

　　近年来另一项重大发现是研究人员明确了病毒在微生物群落中的作用。在所有被研究的环境中，病毒粒子的数量都达到细胞的10—100倍——病毒是地球上丰度最高的生物学客体。由此得出一个显而易见的结论：病毒承载着大部分生物信息。此外，对病毒蛋白质的大规模生物信息学分析似乎表明，在LUCA时代病毒就已经存在。如今，我们知道所有生物都被与其协同进化的病毒所感染。生命三域各有其专属的"病毒圈"。

　　在该领域拔尖的法国研究人员于2010年成立了一个新的国际学会，致力于研究"微生物"病毒（而非植物病毒和动物病毒，包括那些一直占据人们关注焦点的致病病毒）。对感染细菌的病毒的研究正基于噬菌体疗法（利用病毒治疗细菌感染）视角，不断推陈出新。此外，一些法国团队在研究陆地或海底热液源的古菌病毒方面也处于领先地位。此类病毒的病毒粒子呈现出微生物学界闻所未闻的形态（柠檬状、瓶状或尾部分叉的丝状）。古菌病毒耐受极端温度条件，这有望为生物技术领域带来全新应用。马赛研究团队发现了感染真核微生物的巨型病毒，由此开启了生物学史的一个新篇章。当然，在病毒重新受到关注的同时，一个古老的问题也被再次提出：病毒是否属于生命？

7 病毒是生命吗

1892 年，当圣彼得堡大学年轻的植物学家德米特里·伊万诺夫斯基（Dimitri Ivanovsky）首次发现"烟草花叶病"的感染原时，他并没有料到自己开创了微生物学的一大新分支，随后的一个多世纪，这门自巴斯德以来迅速发展的学科都背负着伊万诺夫斯基最初发现的烙印：那是一种小到足以穿过查尔斯·尚柏朗（Charles Chamberland）发明的细菌过滤器的病原微生物，后来被命名为病毒。由于随后通过同样实验规程完成了其他"滤过性病毒"（1898 年是引起口蹄疫的病毒，1903 年则是狂犬病毒）的快速表征，这在生物学家的集体无意识中铭刻了如下观念：病毒（准确而言是它们的粒子或称病毒体*）肯定比最小的细胞生物还小，因此在光学显微镜下不可见。这一草率观点随即成为相关实验规程的核心：用孔径小于 0.3 微米的过滤器进行过滤，可以确定一个天然微生物种群的"病毒占比"。

这种基于尺寸的标准得到普遍认同着实令人惊讶，毕竟埃德蒙·诺卡尔（Edmond Nocard）和艾米勒·鲁（Émile Roux）在 1898 年就已表明，牛肺疫的病原体是一种"滤过性"细菌，也就是不能被最精细的尚柏朗过滤器滤除。基于该发现，1903 年鲁讥讽了荷兰微生物学家马丁努斯·拜耶林克（Martinus Beijeirink）刚提出的理论——这一雾里看花的理论认为，伊万诺夫斯基发现的

---

* 即英文的 virion，指结构完整的单个病毒，亦称病毒颗粒、病毒粒体、毒粒或病毒粒子。——译者

感染原是活的而非粒子（*contagium vivum fluidum*[*]）。令人震惊的是，在 2003 年马赛一支研究团队发现首个"巨型病毒"（La scola et al., 2003）之前，似乎无人提出可能存在并非"滤过性"的病毒粒子。巨型病毒还具备其他不同于普通病毒的特征，这使得本就处于生命世界边缘的巨型病毒进一步边缘化。

作为人们发现的首个病毒，烟草花叶病毒结构再简单不过：其 RNA 基因组编码 4 种蛋白质，基因组分布于由 2300 个相同蛋白质构成的"盒子"（病毒学家称之为"衣壳"或"粒子"）中。病毒结构呈完美的螺旋对称（图 1.12），因而具有极高的稳定性，即便于 90 ℃高温加热 10 分钟依然具有感染性，远远超过彼时人们所知的细菌的承受能力。基于这一结构的坚固且规则，温德尔·斯坦利（Wendell M. Stanley）在 1935 年获得了烟草花叶病毒的结晶，该成就使他后来荣膺诺贝尔化学奖。任何严肃的微生物学家都不会想到，像溶解的盐一样不可见的物体竟然可以是"活的"。

在伊万诺夫斯基发现病毒 60 年之后，终于由安德烈·利沃夫（André Lwoff）对病毒作出首个严格且普适的定义，从而摒弃了"没有活细胞，病毒就不能传播"的陈旧观点。该定义包含 4 个标准，可明确区分病毒和"细胞"微生物（Lwoff，1957，Lwoff & Tournier，1966）。利沃夫的工作有一个可能是无心插柳的决定性进步：他摒弃先前基于尺寸的标准，从而避免了专断。以下是利沃夫提出的辨别标准（根据现今的知识有所更新）。

1. 细胞微生物具有核糖体（图 1.2），而病毒没有。病毒可视作一种胞内专性寄生微生物（在宿主细胞外保持惰性），只有借助细胞的翻译装置才能合成自身的蛋白质。

2. 细胞微生物通过其所有组分的协同作用进行繁殖，而病毒通过其自身仅有的基因组便可实现复制。

---

[*] 拜耶林克的这句原话是拉丁语，直译为"传染性活流体"，"病毒"之名实际上也是他提出的。——译者

图 1.12　最早被发现的病毒：烟草花叶病毒

图为透射电子显微镜下的烟草花叶病毒剖面图（经染色），该病毒完美的螺旋形态使其结构异常稳定。

　　3. 在生长期间，细胞微生物保持个体性，直至二分分裂（一个细胞变为两个子细胞）；病毒不会分裂。

　　4. 病毒没有可以将养分中潜在的化学能转化为生化合成新组分所必需能量的酶系统，细胞微生物则必备这样一个系统（它们的"代谢系统"）。

　　基于病毒粒子的惰性（没有新陈代谢），利沃夫认为病毒不是生命。

　　随即病毒学又经历了半个世纪的发展，在此期间人们发现病毒具备错综复杂的多样性，但利沃夫提出的四大标准中至少还有两条依然成立：第一条和第三条，这两条明确表示病毒（此处指病毒粒子）并不通过分裂而增殖，且不具备核糖体。第二条标准之所以失效，是因为有研究发现，完整的病毒粒子（一个分子复合体）是启动感染周期的绝对必要条件，对大多数病毒而言，单单基因组不足以引发感染。而第四条标准被推翻是由于人们发现了一些胞内专性寄生细菌，它们并不具备一个系统，能满足自身复制所需的最低限度的代谢（McCutcheon et Moran，2011）。

在"有生命的"细胞生物和病毒之间的界限愈发模糊的背景下，法国研究团队发现了巨型病毒。称作"巨型"一方面是因为病毒粒子大，另一方面是病毒基因组十分庞大。该发现使得一场僵持 50 年之久的论战重燃战火。

首个被发现的巨型病毒称作"拟菌病毒"（microbe-mimicking virus），属于拟菌病毒科（Mimiviridae），病毒粒子呈正二十面体，直径 0.75 微米，其中包裹的 DNA 基因组有超过 100 万个核苷酸，编码近 1000 个蛋白质（Raoult et al.，图 1.13 和图 1.14）。第二种代表性病毒为咸潘多拉病毒（潘多拉病毒科的模式种），其粒子呈小口罐状，尺寸更大（长 1.2 微米，直径为 0.5 微米），基因组比一些真核寄生微生物的基因组还庞大，有超过 250 万个核苷酸（Philippe et al.，2013）。这些巨型病毒*的庞大尺寸与复杂基因组（仍然遵循利沃夫标准的第一条和第三条）似乎并没有什么作用：为何要用如此多的基因来构建简单的盒状结构以传播基因组，而其他病毒只运用一到两个基因？考虑到所有胞内寄生微生物在进化过程中，都不可避免地随着其功能得到宿主保障而不可逆地丧失部分基因，这一点就更加令人费解了。

若考虑到人类基因组全包含于一个精子或卵细胞之中，那么上述"带数千基因的盒子"的矛盾现象也不难理解。站在不了解人体生理学的观察者角度，

---

* 如今人们了解 5 个不同科的巨型病毒。（Abergel et al.，2015）

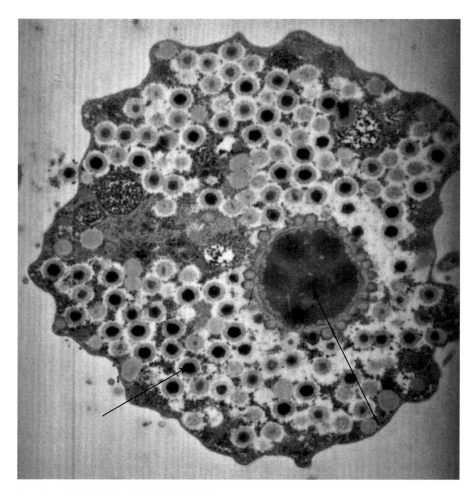

图 1.13 拟菌病毒在其感染的细胞内增殖

图为电子显微镜下处于拟菌病毒感染周期最后阶段的变形虫（一种单细胞真核生物）。最初，只有一个病毒粒子感染了变形虫细胞。感染后的前 6 个小时内，在细胞质内部形成了一个病毒工厂（直径为 3.5 微米的灰色圆形空间，靠近细胞中心，长箭头指示处）。病毒工厂如同一个过渡性微生物，合成了产生拟菌病毒新粒子所需的全部组分。我们能看到这些新粒子在病毒工厂周边涌现。渐渐地，变形虫细胞所有细胞质都被以这种方式形成的拟菌病毒粒子（中心深灰色的灰色小圆圈，短箭头指示处）占领。

形同单细胞微生物 * 的人类生殖细胞需要含 30 亿对核苷酸的基因组, 可能是挺惊人的。然而, 正是这一复杂的基因组包含了一个人类发育成年所必需的信息, 如此来看就不再显得比例失调了吧! 所以矛盾只是表象, 基因组的复杂性并不体现在其载体结构上, 而是体现在它能产生的有机体的结构上。同样, 区分病毒体和病毒至关重要, 病毒体是传播基因组的简单载体, 而病毒是瞬时寄生微生物, 后者的生长可将被感染的细胞转变为一种新的有机体, 其功能就是产生新病毒体(Claverie et Abergel, 2016; Forterre, 2010)。因此病毒基因组不仅是其传播载体的蓝图, 还是其制造工厂的部分蓝图。病毒体为了增殖而引发的细胞接种(感染)使得细胞内部发生改变, 整个过程有着活体微生物的所有特性, 就如同种子生成植物, 而植物又会产生众多种子。

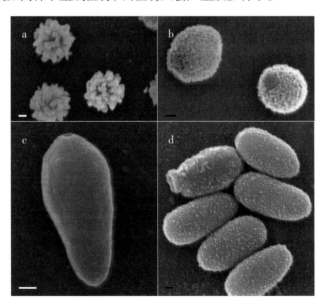

图 1.14　四科巨型病毒的病毒体

扫描电子显微镜观察到的已知病毒体: a. 拟菌病毒; b. 软体病毒(*Mollivirus*); c. 潘多拉病毒; d. 阔口罐病毒(*Pithovirus*)。(比例尺 =100 纳米)

---

　　* 此处为了避免影响论证, 我们暂且无视一些奇特的存在, 例如无恒变形虫(*Polychaos dubium*), 其基因组由于序列重复而十分庞大, 是人类基因组的 200 倍!

随着巨型病毒的发现，以及巨型病毒自身矛盾特性的解决，将病毒定义为不可见、惰性且为滤过性粒子的陈旧观点可被新定义取代了：病毒是一类微生物，具有生命所有特性，但与细胞生物截然不同。众多研究人员认为，病毒无论大小，都属于生命！

此外还存在一些非常古老的寄生和共生情况，这使得人们依旧难以对生命作出明确清晰的定义。例如，尽管生物学家普遍认同胞内寄生细菌是生命（McCutchon et Moran，2011），但他们一般不认为这类细菌衍生的细胞器线粒体是生命。然而，从细胞内部的细菌到线粒体，我们无法明确在这段进化过程中生命何时变成了非生命。病毒同样如此，当它将自己整合进一个细胞的染色体中，此时的病毒还算是生命吗？最近几年，对生命作出定义这一问题不仅牵动着生物学家，也牵动着众多哲学家——尤其在法国，很多哲学家与微生物学家密切合作，共同探讨此类基础问题（Pradeu et al.，2016）。

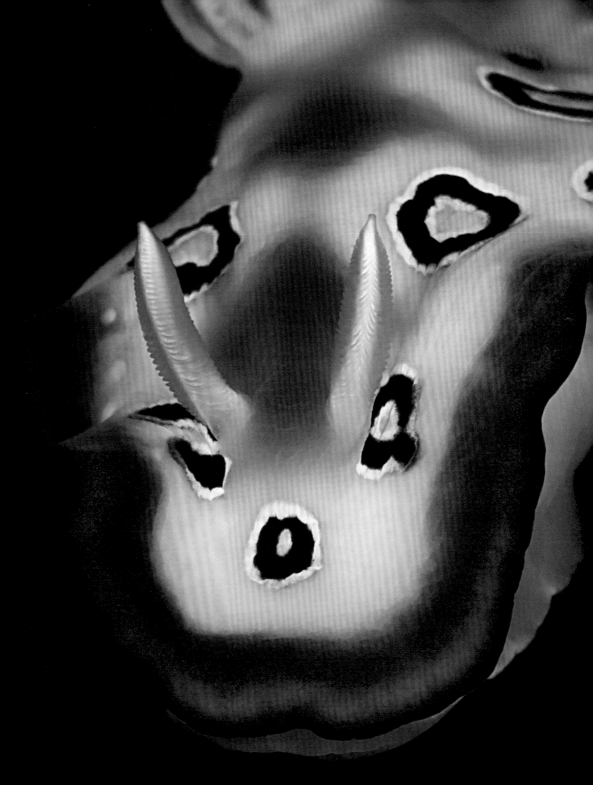

2 生命的历史

◀ 图 2.0 铜斑多彩海蛞蝓（*Goniobranchus Kunei*）的头部特写

海蛞蝓是海洋中的一类软体动物，属腹足纲，外壳已退化。它们大多色彩斑斓，这是一种防御策略，用以弥补本来由外壳提供的保护。该照片呈现的铜斑多彩海蛞蝓长 5—10 厘米，采集于法属波利尼西亚的茉莉亚岛。我们在其头部可以看到两条触手，这是海蛞蝓用于"感知"路线的感觉器官。

"生命拥有历史"之观点并非不证自明。在达尔文 1859 年发表《物种起源》之前，这一观点简直不可思议。令人刮目相看的是，进化科学领域于 20 世纪末，也就是在历经区区 150 年的科学进步之后，就将达尔文理论与遗传学分子机制结合起来。如今，新近的技术革命正在为相关领域注入新的活力，尤其是显著提升人们对现有生命或已灭绝生命的 DNA 测序的能力，以及诠释这些信息的能力。我们对生命史和相关进化机制的理解也因此经历着天翻地覆的变化。那些激发研究人员好奇心的重大问题，如今都从令人惊奇且不可预见的方向和层面浮现。

在介绍这些进展和问题之前，我们有必要思考进化科学在 21 世纪的生物学中处于什么地位。想必很多人会有疑问：我们主要关注的是当下，为何要研究过去呢？事实上，这就好比试图理解粒子物理学却不研究始于大爆炸的宇宙之起源，抑或领导一个国家却不了解其历史。正如引言提及的杜布赞斯基 1973 年发表的那篇文章中所述："若不从进化角度看，生物学全然没有意义。"为什么？原因很简单，生物学本质上就是一门"历史"科学，虽然生物学家自己偶尔会忘了这一点……当一个人埋首于试管和培养皿，抑或紧紧盯着显微镜，就不容易时刻谨记：人们观察到的所有生物学现象都源于某个进化过程，无一例外。因此，虽说在实验室或自然环境进行的实验可以解释分子、细胞或有机体**如何**发生反应、**如何**发生交互，但进化科学能解释人们观察到的这些现象**为何**如此。正如因遗传学与发育生物学成就而获得 2002 年诺贝尔奖的布伦纳所概括的："要记住，如果说数学是完美的艺术，物理学是最优的艺术，那么生物学由于演化的缘故，只是差强人意的艺术。"布伦纳这番言论远非对自己学科的价值判断，而是想表明，由于突变的随机性，演化并不是依照简单的决定论机制进行的。生命世界涌现新的生物学形态或生物学功能，往往是生物面对生存需求以及将遗传物质传给后代的需求时，结合随机突变与气候、捕食、病原体等引起的复杂选择压力后折中的结果。在数学形式主义和实验数据之间来回折腾 150 年后，如今我们明白，生命的进化是有规律可循的，而这些规律可以通过数学模型来描述。

尽管进化科学是一门年轻的学科，但要想通过生命史去了解生命，它是不可绕开的学科。在物理学上，通过公式我们可以在发现粒子之前便早早预测其存在，我们也可以通过公式描绘一颗小行星过去的运行轨迹，并预测其未来的轨迹。在生物学上同样如此，进化论是一个理论框架，能让我们在测序对应的基因组之前便可预测某个基因的存在，或是预测某个物种和群落随着时间推移的"轨迹"。

接下来，我们将试着勾勒出发生于 20 世纪末至 21 世纪初的几大概念转换。在 DNA 测序领域突飞猛进的推动下，这些转换打开了通向若干令人着迷问题的大门。例如我们最近才意识到，描绘物种谱系的进化树远比人们所想象的更茂密，甚至并非严格意义上的树状图。我们对进化"修补"创新时发挥作用的分子机制有了更深入的理解。我们也大幅改变了所提出问题的尺度，从微观世界到数百万甚至数十亿个体不等。不同于以往，现今有可能"看见"演化过程，且可以于自然环境或实验室中再现一些进化现象。最后，我们可以思考一个问题：人类对物种（包括人类自身）进化有意或无意的影响会达到何种程度？

1 进化树是什么

进化树是生物学上的物种多样性以及物种间亲缘关系的概念表征。正如家谱可以追溯一个家族的历史，进化树也能为我们阐明生命的历史。要想重建进化树，必须找出所有物种的共同性状，也就是"树叶"。人们最初构建进化树的尝试是基于形态的，其演变可以从化石中追踪到。但是，当人们尝试把细菌等微生物与动植物等大型生物纳入同一棵进化树，就很难找到它们之间共同的形态标准了！幸运的是，从 1960 年代起，人们可以利用所有物种共同的 DNA 序列去建立各种生物间的亲缘关系，从而重建了一棵真正的、通用的进化树。尽管病毒和其他"寄生于生命的分子元件"有着惊人的多样性且对被感染细胞的进化起到重要作用，但并不与其他生命共享任何 DNA 序列——它们的起源以及它们与已知生命可能存在的亲缘关系依然成谜。

进化树的重建需要精细的方法论，其基础在于稳健的统计方法以及尽可能广泛的生物样本，理想而言，样本应包含所有生物谱系。因此，完善方法并重点探索生物多样性至关重要。在过去的数十年间，上述两方面的研究已使我们对进化树及其勾画的系统发育多样性的认知发生了巨变。

朝向一棵全新的进化树

直到 20 世纪上半叶，人们对生命史的观念还停留在视其为渐进发展且是以人类为中心的（图 2.1）。细菌被视作简单且原始的生物，它们衍生出仍然是单细胞但更为复杂的生物，进而由后者衍生出所谓的"高等"多细胞生物：真菌、动物和植物。那么人们是如何彻底修正这一表象，从而得出一个更完整、更客观的观点的？

由于最近数十年使用分子数据来重建进化树，真正的范式转变随之上演。最初的进化树是通过比对所有生命遗传自共同祖先的基因而构建的。这一构建基础可以囊括从细菌到动物和植物的大多数物种。

这些所谓的"通用树"揭示了生命三大类群（或说三域）：真核生物（包括动物、植物、真菌，以及一些微生物）、细菌和另一类微生物古菌。其中古菌表面上与细菌相似，但是其分子机能更接近真核生物（图 2.1 和图 2.2）。通过重建这棵"新"进化树，我们可更好地测定并理解真核生物的起源。真核生物源于两个单细胞生物的亲密共生，其中一个单细胞生物安居于对方体内。如今我们知晓，该安居于另一生物体内的宾客，即已作为细胞主要能量来源的线粒体，与细菌有关。今天，从人类的神经元、白细胞到植物体内含叶绿素的细胞，几乎所有的真核生物细胞都有线粒体。而线粒体当初的宿主，更有可能与古菌有关。这一事件在进化树中表现为两个远缘谱系的融合（图 2.1）。

有了分子方法，我们还可以探索各种生态系统——从海洋到土壤、从人类肠道到地球上最极端的环境——的微生物物种多样性，其中大多数微生物没法在实验室培养。人们已对超过6000种细菌、500种古菌和500种真核生物进行了全基因组测序，共统计出数百万段基因序列。在佐证生命三域存在的同时，测序数据也揭示了微生物多样性的幅度，而在此之前，这一多样性一直被严重低估（图2.3）。每年被储存进公共数据库的细菌和古菌新序列中，过半都对应着新"物种"，甚至新的谱系。这一多样性也迫使我们质疑物种的概念。实际上，"物种"的经典定义是基于个体间的形态相似性以及它们杂交的繁殖力，科学家据此统计出约150万种动物与27万种植物，但这定义并不适用于大多数微生物。微生物物种是根据一些基因的相似性来确定的。然而，若将通常用来区分微生物"物种"的标准应用于动物，那么几乎所有传统意义上的哺乳动物物种都属于同一物种！

细菌和古菌都属于形态相对简单的微生物，却具备不可思议的代谢多样性，它们可以从多种有机底物和无机底物中获取能量，且能以各种各样的方式转化有机物质。真核生物获取能量的方式比较同质化，但在形态上更多样化。旨在评估海洋微生物多样性的"塔拉海洋"科考（2009—2013年）基于对浮游生物的分析，证明真核生物多样性最高的是单细胞谱系。动物和植物看似形态万千，但其多样性在全球生物多样性中仅占冰山一角。这不足为奇，因为地球生命史中的大部分时间，即37亿多年前生命起源到约6亿年前动物多样性首次显著提升的寒武纪大爆发期间，地球上的生命主要是微生物。微生物谱系历经30多亿年的漫长进化期提升了多样性，之后才出现了现存动物的始祖多细胞生物。多细胞性的起源并不唯一，这一点从多细胞生物存在极为远缘的谱系（动物、植物、真菌、海带、红藻等）便可证明。人们不禁思考，在更遥远的过去，是否曾有生命尝试向多细胞性过渡——这一问题因著名的加蓬化石（El Albani et al., 2010）而浮出水面，其中的弗朗斯维尔生物群可追溯至21亿年前。

当基因在进化枝间反复横跳

长久以来，传统观念认为，基因是顺着进化树的进化枝传递的，万无一失。然而，随着 DNA 测序技术的发展，人们可以获取众多生物和天然微生物群落的基因组（宏基因组）。通过对它们的分析，研究人员不得不重新审视此番过于简化的观点。事实上，基因可以——或是形单影只地，或是成群结队地——从一个分枝"跳跃"至另一分枝。基因从一个生物转移到另一个生物，此类种间基因流不容小觑，且在进化树的各个层面都可见。

在微生物界，基因转移似乎非常重要，甚至发生于古菌和细菌这两类如此远缘的生物之间，因而部分极端观点提出了源自种间杂交的基因网状进化的设想，这种进化应当用网络图而不是以系统树来表示，但若如此就不太可能重建出一棵进化树。不过，利用不易转移的基础细胞代谢基因构建一棵物种树似乎是可能的。另一方面，是哪些基因钟情于跨越物种壁垒的"跳跃"？此类基因通常能带来即时的选择优势。例如，变形杆菌视紫红质是一种能让细胞从光线中获取更多能量的跨膜蛋白，其

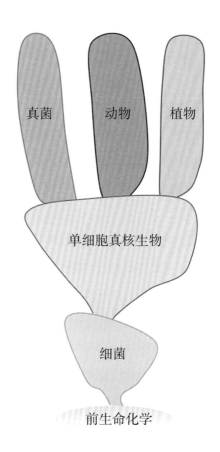

1980 年代之前

真菌　动物　植物

单细胞真核生物

细菌

前生命化学

图 2.1　从 20 世纪跨入 21 世纪，对生命进化的观念发生转变

右页图的时间轴上标出了地球生命史的一些重大事件。主要的生物类群以不同颜色表示：细菌为蓝色，古菌为橙色，真核生物为紫色，真核生物包含光合生物（其中植物为绿色）、真菌（栗色）和动物（深紫色）。近期（21 世

21 世纪

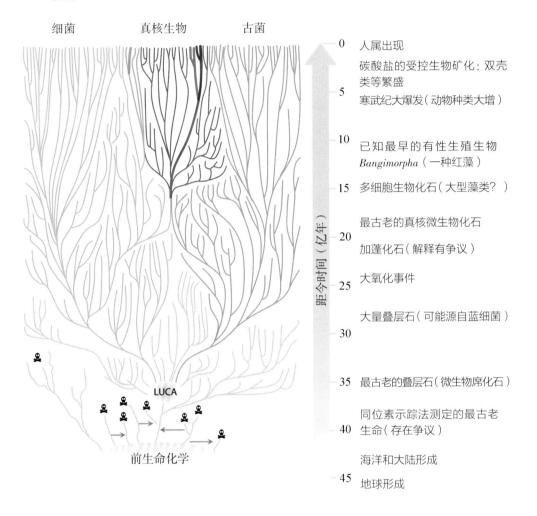

细菌　　　　真核生物　　　古菌

距今时间（亿年）

0	人属出现
	碳酸盐的受控生物矿化：双壳类等繁盛
5	寒武纪大爆发（动物种类大增）
10	已知最早的有性生殖生物 *Bangimorpha*（一种红藻）
15	多细胞生物化石（大型藻类？）
	最古老的真核微生物化石
20	加蓬化石（解释有争议）
25	大氧化事件
	大量叠层石（可能源自蓝细菌）
30	
35	最古老的叠层石（微生物席化石）
	同位素示踪法测定的最古老生命（存在争议）
40	
	海洋和大陆形成
45	地球形成

LUCA

前生命化学

纪），人们重新认识到，植物、真菌和动物在真核生物中的地位远非从前认为的那么重要。真核生物诞生于古菌和细菌细胞的融合，细菌成了真核细胞中的线粒体。在光合生物（植物、藻类）中，真核细胞整合了能实现光合作用的第二种细菌，由此产生了植物细胞特有的叶绿体。彻底灭绝的假设谱系用灰色标记。LUCA 圆圈代表现今所有生物最后共同祖先的位置。水平箭头表示 DNA 或细胞从灭绝谱系转移的假设，这些谱系与包括我们人类在内的最终占优势的生命在源头上相互独立。

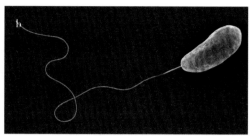

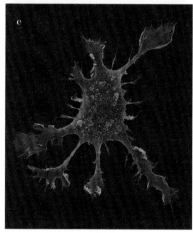

图 2.2　扫描电子显微镜观察到的分属古菌、细菌和真核生物三个大类的细胞

a. 属于古菌的某种硫化叶菌（*Sulfolobus* sp.）的彩色显微图。古菌是单细胞原核微生物，与细菌一样不具备细胞核及膜结合细胞器*。古菌通常与细菌大小相当（1—5 微米长）。但是古菌某些特征与真核生物相似（如基因组的组织结构），也有一些特征是古菌所特有的。这种硫化叶菌是嗜极生物，多见于富含硫化物的酸性热泉中，最适生长温度为 80 ℃。b. 大肠埃希菌的彩色显微图。该细菌是一种 0.5—3 微米长的杆状细菌，天然存在于人类的肠道菌群。图上细长的毛发状结构是保障细菌运动的鞭毛。与所有细菌一样，大肠埃希菌也没有细胞核或膜结合细胞器。c. 真核细胞的彩色显微图，图为人类的树突状细胞。树突状细胞是免疫系统的大型细胞（20—30 微米长），存在于哺乳动物的多种组织中。与所有真核细胞一样，树突状细胞具有细胞核和膜结合细胞器（线粒体、内质网、高尔基体等）。树突状细胞独特的突起赋予其移动能力。树突状细胞识别并"吞噬"被认作异体的细胞和蛋白质即抗原，随后将抗原暴露于细胞表面，以提醒其他免疫细胞存在感染。

---

　　* 亦称有膜细胞器，核糖体等则为无膜细胞器。图注中对应的法语原文均是 compartiments membranaires，中文指膜区室（membrane compartment），疑为编者不小心杂糅了细胞区室（cellular compartment）与膜结合细胞器这两个相关联的概念。——译者

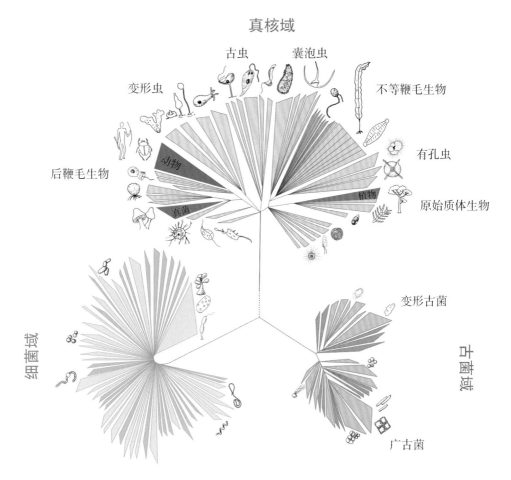

图 2.3　进化树示意图

专家将生命分为三大域：古菌域、细菌域和真核域。分支的长度代表生物群体之间大概的进化距离。

编码基因便是在海洋古菌和细菌之间转移最频繁的基因之一。

真核生物同样会发生基因转移，和变形杆菌视紫红质的例子相似，这也与获得优势功能相关。土伦一支生物学家团队指出，豌豆蚜的基因组中整合了部分真菌基因，因而可以合成类胡萝卜素，它们或许是目前所知仅有的可基于光线产生能量的动物（Vamalette et al., 2012）！基因转移还可能是重大生物创新的源头，例如哺乳动物胎盘的发明（见本章第 56 页的"基因转移带来的创新"小节）。

究竟何谓"智人"

关于人类进化的研究表明了进化树的复杂性。当卡尔·冯·林奈（Carl von Linné）于 18 世纪将人类划分为"智人"（*Homo sapiens*）物种时，他并不需要考虑人类亚种的定义问题，因为在那个时代，人们认为现代人是地球上现存也是曾经存在的"智人"唯一代表。当 1856 年出土的"尼安德特 1 号"化石于科学界闻名后，该正模标本很快被划分为一个新物种：尼安德特人（*Homo neanderthalensis*）。之后，20 世纪末的群体遗传学研究以及对尼安德特人与现代人形态差异缘由的种种研究成果都表明，智人等同于"解剖学意义上的现代人"。

除了现代人的化石，尼安德特人遗骸是目前最知名、数量最多的人类化石：目前已发现数百块骸骨、若干牙齿，以及多具成年人或未成年人的骨架。部分遗骸仍包含 DNA，随之获得的尼安德特人基因组测序结果使简单划分智人和尼安德特人为两个独立物种的观点遭受严重质疑。通过比对尼安德特人的 DNA 和不同种群的现代人 DNA，科学家发现这样一个事实：欧洲人、亚洲人与太平洋美拉尼西亚人的基因组中，将近 2% 的片段继承自尼安德特人（Prufer et al., 2014; Kuhlwilm et al., 2016）。研究人员还检测了出土于罗马尼亚（距今 36 000 年，Fu et al.,

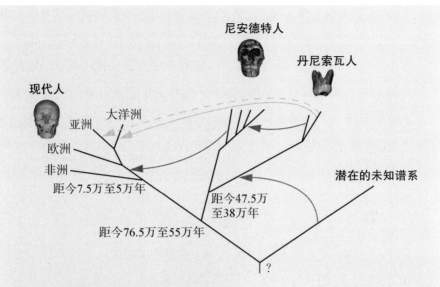

图2.4 进化树中关于人类谱系进化的部分

彩色箭头表示在已知的三个谱系——现代人、尼安德特人和丹尼索瓦人——之间被证实的（实线）和很可能存在的（虚线）杂交事件。

2015）和西西伯利亚（距今 54 000 年，Fu et al., 2014）的古老人类化石中的 DNA，这一比例甚至达到 10%！自此我们可以确定，现代人的祖先与尼安德特人在遗传上并非完全隔离（图 2.4）。既然尼安德特人可以与现代人的祖先繁衍后代，或许我们可以认为，尼安德特人和现代人祖先曾属于同一物种！

最近还有一项发现完全符合上文提及的杂交观点：第三种人，即丹尼索瓦人也与同时代的尼安德特人和智人有所杂交（图 2.4）。

数学宛如时光机

重建进化树就好像一场探索过去的时光之旅。在这场朝向生命之源的旅途中，重建的可靠性固然取决于数据的数量与质量，但也取决于数据分析方法的精确性。最常用于比对不同物种并重建进化树的分子数据（DNA 序列或蛋白质序列）非常复杂且体量庞大。要研究这些信息，计算机科学和数学不可或缺。

例如，根据现存物种重建的进化树只能反映生命史的一部分，缺失了所有未留下后代的进化枝。而借助数学我们可以填补这些空缺。基于不同数学模型呈现的多种进化情景，我们可以计算生命世界出现的概率，由此找出可能性最高的情景。通过这种建模方法，我们可以理解数百万年间物种出现和灭绝的动态，抑或是，结合如今的物种相关测量数据（如个头、羽毛颜色、牙齿形状、花瓣或叶子的排布等），了解形态多样性的进化动态（图 2.5）。

现今面临哪些挑战

正如我们所见，进化树不仅仅是过往物种和现存物种之关系的形象呈现。事实上，要想理解造就如今我们看到的生物多样性的数百万年进程，进化树必不可少。众多根本性问题随着 DNA 测序技术的进步被提出，而这也加快了我们找到相应答案的节奏。

人类是何时出现的？ 直到 2000 年代初，大多数专家都认为人类与现存最近缘的"表亲"黑猩猩之间的谱系分化可追溯至近 500 万年前，群体遗传学家也通常采用这一日期来调整分子钟。然而，两支法国研究团队的发现使得该分化时长几乎翻倍。第一项发现是在 2000 年于肯尼亚卡布什密（Kapsomin）出土的若干颅骨和颅下成分：这些有近 600 万年历史的化石被命名为图根原人（Senut et al., 2001），昵称"千禧人"。其股骨形态表明图根原人是双足直立行走，属于人亚科。第二项发现是乍得沙赫人，其首个标本（Brunet et al., 2002）昵称图迈人（Toumaï，在当地语言中指"生命的希望"），2001 年出土于东非大裂谷以西的乍得托罗斯 - 美纳拉（Toros-Menalla）遗址，有近 700 万年历史（Lebatard et al., 2008）。研究人员对其颅骨进行虚拟重建，发现乍得沙赫人也可能是双足直立行走。由于这些新发现，我们现在认为人类和黑猩猩的

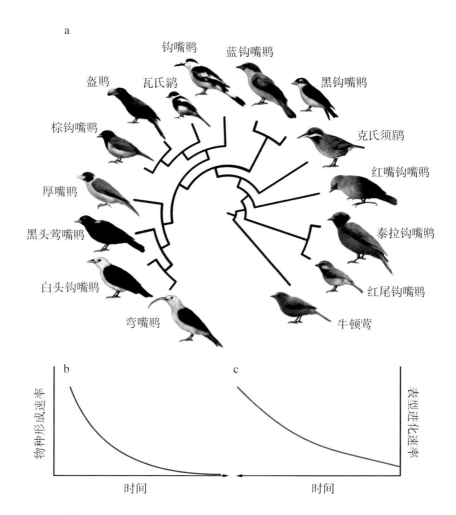

图 2.5　形态多样性的演化

通过拟合演化模型至进化树的其中一部分，如此图所示钩嘴鵙科（生活在马达加斯加的一类鸟，其多样化的速度非常快）的系统树（a），我们可以估算出对应类群的物种形成速度在其历史进程中是如何变化的（b）；如果我们拥有更多现存物种特性的数据，如它们的外观、行为或食性，我们就可以评估这些特性的进化速度在该类群的历史中是如何变化的（c）。这有助于研究该类群的演化史，尤其有助于理解我们如今观察到的物种多样性和形态多样性的起源。

分化可追溯至近 1000 万年前。现在就差发现该时期的人亚科化石了……

有花植物从何而来？ 有花植物，即被子植物，目前在地球植物区系中以物种数量占优，我们吃的大部分食物都来自被子植物，许多药物的基础分子成分也来自被子植物。然而，被子植物并非一直存在，达尔文指出，被子植物起源于约 1.5 亿—1.3 亿年前，且其迅速多样化是一个"恼人之谜"——他的评价如今依然适用，不过我们对这一谜题开始有了更清晰的看法。被子植物及其姐妹群裸子植物（包括松柏与银杏）的进化树已得到完善。我们了解花发育的关键调节物，可以研究是什么区分了被子植物与其他植物。我们发现了仅见于有花植物的基因，这些对花瓣形成至关重要的基因源自裸子植物中与"球果"形成相关的基因重复——该事件很可能就是达尔文谜题的部分答案。

还会发现新的谱系吗？ 无论是基于若干细胞、若干个体还是若干复杂物种群落，甚或若干多细胞生物的所有细胞，都有可能探索到出人意料的生命多样性。我们预计在已知的生命三域中会鉴定出新的分化谱系，尤其在一些还没怎么探索的环境之中，例如地表之下或海洋和淡水系统的沉积物内部。这些发现可用于完善进化树，更精准地再现生命演化史。

真核生物从何而来？ 长久以来，这一进化中的重大转变都难以理解，并且一度成为各种似乎只能留在思辨领域的争论之源。线粒体由细菌而来，这一点看起来已无争议，但彼时线粒体宿主的确切性质仍备受争议。人们发现了全新的古菌谱系，其中洛基古菌门（Lokiarchaeota）似乎与真核生物最为近缘，这一发现对一个根本性问题作出新的阐述：进化成线粒体的细菌其最初宿主很有可能是一种古菌。

生命是何时、何处以及如何出现的？ 尽管生命之源仍然成谜，但随着各学科的进步，人们现今可以对非生命到生命的转变给出更多解释。一方面，天体物理学、天体化学、前生命化学和地质学为我们提供越来越多关于宇宙中有机化学反应、分子交互作用以及生命出现时原始地球条件的信息。另一方面，生物学可以通过重建进化树，再现过往的生物历史。细胞生命活动的关键因素新陈代谢、遗传系统和膜分隔形成的细胞区室，这三者是如何结合的？生命是诞生于高温的咸水热液系统，还是如达尔文所言诞生于地表的温暖淡水池？生命是否出自一个极端随机事件，抑或我们可以期望在理化条件与地球生命相容的系外行星上发现生命？我们能否在试管中创造生命？可以预见，这个生机勃勃的领域将迎来壮观的进展。

2 进化：生物创新的大型实验室

生命世界由大量物种构成，这些物种能够生存于各种环境——无论沸水或冰水，无论高山或深海。生命的多样性还体现在动物和植物的形态和颜色方面（图 2.6），以及鸟类和社会性昆虫的群体行为方式。这无比丰富的多样性是伴随着生命史出现的种种创新带来的结果。达尔文进化论提供的框架初步解释了，为何具备有益创新的生命能够更好地适应环境且有更多机会存活并繁殖。然而，这些创新背后的机制长久以来都是未解之谜。到了 20 世纪，人们逐渐理解遗传定律和作为遗传信息载体的基因的功能，从而得以进一步探索此类复杂创新是如何不断出现在生命世界的。基因组记载着生命的历史。现今的基因组测序结果使我们明白尚待探索的生物世界有多么广阔。破译这些基因组的内容仅能揭开生命秘密的面纱一角，却已然揭示，引发生命创新的机制也具有人们始料未及的多样性。

创新之源：基因重复

在可以读取基因组完整序列的现今，我们可以更好地测量新基因出现的动态，以及这些新基因对进化的影响。部分基因是通过已有基因的重复而出现的，就如同复制一句话中的某个单词而得到新的单词。这些新的基因拷贝会经历其他突变，如同组成单词的字母发生了改变，并由此产生新功能。例

图 2.6　花朵形态和颜色的多样性

a. 舟形乌头（*Aconitum napellus*，毛茛科）；b. 春侧金盏花（*Adonis vernalis*，毛茛科）；c. 块茎旱金莲（*Tropaeolum tuberosum*，旱金莲科）；d. 新西兰茶树（*Kunzea ericoides*，桃金娘科）；e. 蓝色西番莲（*Passiflora coerulea*，西番莲科）；f. 汗莶鱼腥草（*Geranium robertianum*，牻牛儿苗科）。

如，动物看见紫外线的能力就随着基因重复，在不同群体中经历过多次进化。对不同波长的光敏感的分子由视蛋白基因编码，在进化过程中，视蛋白基因随着新基因拷贝的序列修饰偶然发生了重复。由于这些变化，部分视蛋白变得对紫外线敏感，因而提升了相关物种的视觉灵敏度。同样，我们人类拥有的三色视觉，是通过部分灵长类动物的视蛋白基因重复以及随后的修饰才出现的。更广泛而言，基因重复往往为新功能的出现提供了"基本的"遗传基质。

基因转移带来的创新

正如前文提及进化树时所述，来自其他物种的基因转移，可能会使一个物种的基因组中得到新基因，就好比单词从一种语言迁移到另一种语言。例如，病毒的基因可以稳定嵌入它们所感染的宿主的基因组，虽然大部分此类插入会随着宿主的死亡而消失，但有些病毒实现了对生殖细胞的感染，并将自身基因插入其中。这些新基因就此成为宿主基因组的一部分，随后被传递至新的世代，从而可催生更多的创新。法国生物学家曾发现关于这一现象的惊人事例。在哺乳动物进化早期，出现了一次重大创新：实现母体和胎儿间物质交换的胎盘。胎盘的形成得益于合胞素，此类分子可阻止母体免疫系统将胎儿视作异物而排斥。事实上，这些合胞素来源于病毒，它们使得病毒在感染宿主时不易被免疫系统察觉。病毒基因组中的合胞素基因转移至原始哺乳动物的基因组中，通过利用这一病毒功能，胎儿更易在母体中存活，并促成了胎盘的出现。该重大进化创新导致胚胎不再需要用于隔离的卵壳，其根源竟是一种病毒！

以旧换新

直至 1970—1980 年代，人们依然认为进化的创新来源于新基因的出现或蛋白质（基因的产物）的功能改变。正如前文所述，新基因的诞生和蛋白质的改变确实可以带来创新，但人们最近意识到其他变化也至关重要，并且有时还更为迅速。这些变化跟基因本身（及其产物）关系不大，而是更多与基因活动的调节相关。正如管弦乐队中每一个乐手都得听从指挥的指示才能演奏出和谐的乐曲，基因组中每一个基因的激活都受调节，以免出现"杂音"。这类调节决定了每一个基因在何处、何时、何等情况下于哪个器官中保持活性。例如，人们观察到的动植物的解剖形态变化和颜色变化往往是由于部分基因调节发生变化。随着参与构建胚胎的基因调节发生改变，脊椎动物的肢、指头等重大创新陆续出现。基因调节的变化在短时间内也会起作用，可以改变近缘种的形态。例如有些种类的兰花的花瓣形状极其复杂，使得这些兰花外表十分怪异，却能吸引特定的传粉昆虫（图 2.7）。我们已知晓，这些兰花的形态

图 2.7　兰科植物的花瓣

a. 蜂兰（*Ophrys apifera*），其唇瓣模仿雌蜂的身体；b. 四裂红门兰（*Orchis militaris*），花朵上半部分呈盔状，有着鲜艳粉色点状装饰的唇瓣相当"拟人"；c. 杓兰（*Cypripedium calceolus*），花朵形状使人联想到黄色木鞋。

之所以多样化是由于花瓣形成过程中被激活基因的调节有所变化。相关变化尤其体现在最终形成兰花唇瓣的居中花瓣的轮廓上，由于基因的特异性激活，该花瓣进化出与其他花瓣截然不同的形态和颜色。因此，进化创新未必是随着新基因或基因产物的改变才出现的，也可以仅仅通过改变现有基因的调节而来。

我思故我在：认知和"意识"的进化

意识和认知（感知、处理以及利用信息的能力）在进化过程中的涌现是广受讨论的话题。法国一些新近研究发现，在若干进化上甚为远缘的生物中，不论有无社群性，都发展出应对环境胁迫的复杂技能。例如，蜜蜂、鱼和鸟都属于两侧对称动物，已知最古老的两侧对称生物是一种只有数个神经元的 0.2 毫米长的蠕虫，生活于 5.75 亿年前。而现在，蜜蜂、鱼和鸟都能数数（Giurfa，2013），这一认知能力是它们各自的谱系独立进化出来的。昆虫不仅可以识别群体中其他成员的"面孔"，还可以学习识别人类面孔的特征（鼻、眼睛和嘴的相对位置；图 2.8，Avargues-Weber，2012）；一些墨鱼似乎有时间知觉和空间知觉（Joz-Alves，Bertin et Clayton，2013）；有些猴子通过改变自己发出

图2.8　蜜蜂能学会识别人脸

在一些条件反射实验中,蜜蜂能学会辨认"典型的"人脸。考虑到一只蜜蜂仅有100万个神经元,而人类具有上百亿个神经元,且人脑中有一整个脑区与人脸识别相关,蜜蜂具备此种能力实为惊人!

的叫声组合,传递多种信息,这显然是句法的基础形式(Ouattara, Lemasson et Zuberbuhler, 2009)。如此复杂的认知功能是如何得以在进化中多次出现,而且是出现于蜜蜂、人类或非人类的灵长类等如此不同类群的动物脑中的?这一问题至今仍困扰着我们。无论如何,这是一个明显的趋同进化例子,亲缘关系较远的生物出于相似的需求而作出了相似的应答。

非遗传学传递

　　长时间以来,人们一直认为文化的传承是人类独有的。然而,数十年以来,尤其是近几年,动物的创新代代相传或是同辈间相传的例子屡见不鲜。一些圈养的猴子会发出各种类型的叫声,这些叫声分别对应与其对话的不同人类,这些叫声在同一饲养群体的不同个体间是通用的。人们还发现,在哺乳动物、鸟类以及部分头足纲动物(墨鱼、章鱼和鱿鱼)中,母亲可以将与自身最近或过去的经历相关的行为特征（情绪性、集群性和摄食能力）传承给后代，其后果可影响数个世代。在此种传承中，环境于个体出生前和（或）出生后影响着个体的性状和个性，这着实令人惊奇，也引人深思。环境变化和文化传承是否会影响基因组和进化过程？如果会，那么如何影响、影响的程度如何？这些疑问都是 21 世纪生物学面临的主要挑战。

人类"生物文化性"进化实例

一般认为，物种通过适应环境变化而进化。不过，在某些情况下，物种也会改变环境，比如通过物种自身的文化习俗，而新的环境会选择出最适宜在其中生存的个体。

在人类种群中乳糖耐受性的进化便是此现象很好的说明。在幼儿时期，奶是我们的主食。但是自青少年时期起，和所有哺乳动物一样，绝大多数人由于乳糖酶变少或活性降低而难以消化奶，乳糖酶是肠道内的一种酶，负责将乳糖转化为可用的糖分。然而，在全球范围内有多个地区（非洲、阿拉伯半岛、欧洲北部），许多成年人持续大量饮用牛奶，并无任何不适。为什么这些人可以而其他人不行？因为这些人群从事畜牧业的祖先体内出现了随机突变，使得成年个体依然可以产生乳糖酶。于是，这些携带相关突变的祖先获得了一种选择优势，从而传承给后代。值得注意的是，欧洲和非洲出现了不同的突变，意味着由这些游牧民族的相似文化习俗造就的饮食适应有多个遗传学起源。

---

3 从物种内部的进化到生物体内的进化

我们能轻易领会真菌、动物、藻类和植物这些截然不同生命之间存在差异，然而同一个物种内部也存在令人惊奇的差异：狗和猫都有着不同品种，甘蓝也多种多样……事实上，不论什么物种，只要花点心思仔细观察，我们就会发现其中个体和群体的千差万别。达尔文时代以来的一大研究目标便是，理解这种肉眼可见变异的根源及其形成机制，并评估此番变异如何应对环境条件的多样性。换言之，我们需要理解生命是如何适应环境的。鉴于大幅改变生态系统的人类活动正对生命施加强大的选择影响，这一点显得尤为重要。

物种内部的变异是怎样的

在一门传统意义上人们都是从个体集合（种群、物种）层面去思考问题的学科中，在个体间可观察到的变异长久以来一直被忽视（图2.9）。造成此种局面的主要原因是数据缺乏及所需的计算机信息处理过于复杂。随着基因组学的技术革命和可用计算能力的增强，如今我们可以处理大量数据，因而在物种内部可观测变异的遗传学基础研究方面取得了史无前例的进展。

令人惊奇的是，一些物种在分子层面（DNA序列的变异）的多样性非常少，而另一些物种表现出高度的多样性。与其他灵长类动物相比，我们智人便是低水平分子多样性的典型例子。人们对此番"多样性的多样性"有什么通用解释吗？在这一方面，近年的高通量分子分析在全体动物层面给出了一些线索。蒙彼利埃的一支团队（Romiguier et al., 2014）通过大规模抽样（样本涵盖从海绵到脊椎动物的动物群体）并对全部基因组开展分子分析，确定了物种内部的分子多样性水平可相差几个数量级。此项研究还表明，造成物种之间此番区别的最主要因素是寿限和繁殖力。寿命长的物种或年幼个体较少的物种（如人类）与寿命短或生产大量年幼个体的物种（如部分贻贝目的物种）相比，前者的变异显著更少。对于有花植物，其寿命和生殖方式是预测物种内部分子多样性水平的决定性因素。通过自花受精进行生殖的植物，其多样性远逊于异花受精的植物。

在物种内部，此种难以置信的DNA变异会导致个体的性状（形态、代谢、行为等）变异，这也取决于基因表达的环境条件。近几年，对于此现象的量化

Heliconius numata arcuella

Heliconius numata tarapotensis

Melinaea marsaeus phasania

Melinaea mneme

Heliconius numata elegans

Melinaea menophilus hicetas

Melinaea ludovica ludovica

Melinaea mothone mothone *

图 2.9　袖蝶和蒴绡蝶物种内部翅膀着色图案的多样性

蒴绡蝶属（Melinaea）的样本来自不同物种，而袖蝶属（Heliconius）的样本来自同一物种。所有样本表明，无论是否属于同一物种，翅膀的着色图案都存在着巨大差异。

———————————

　　* 疑为 Melinaea marsaeus mothone 的误植。——译者

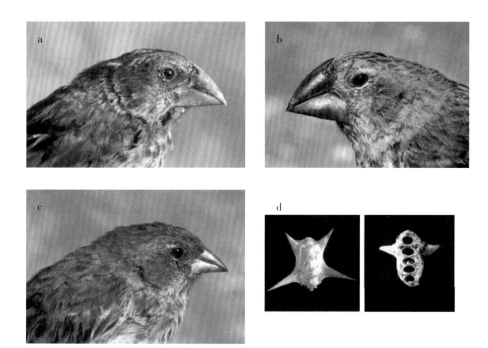

图 2.10 达尔文雀的形态变异

大嘴地雀（*Geospiza magnirostris*，图 b）的喙要比中嘴地雀（*Geospiza fortis*，图 a 和 c）的喙更有力。然而，地雀的个体之间也存在显著差异，只有喙强健的个体（a 和 b）才能吃到大花蒺藜果实里的种子（d）。

取得了重大进步。美国一支团队 1972 年起对科隆群岛的"达尔文雀"开展的长期研究就是一个很好的例子。研究得到的首个观察结果：不同物种间的形态多样性甚为可观，这尤与物种或种群进化时的栖息地相关。鸟喙的形状是不同食性的体现：部分物种强有力的喙利于食用非常坚硬的种子。不过，这一种间形态多样性或多或少在意料之中。更令人震惊的是，物种内部也存在此种变异。同一物种内部，既有喙较大的变异体，也有喙较纤细的变异体（图 2.10）。2016 年，通过群体基因组学方法，研究人员鉴定出它们的基因组中与喙形状变异相关联的区域：该区域包含 *HMGA2* 基因，已知此基因与脊椎动物的形态变异相关。此番意义重大的研究成果证明，人们可以从分子层面描述同一物种个体间变异的原因。一些新方法（例如基于 CRISPR-Cas9 系统的技术）的运用有望使相关研究的开展更深入、更迅速，因此，我们或许很快就能熟悉，甚至掌控所有生物的表型变异的遗传基础。

人类遗传变异性如何

通过对多个种群共 185 个个体的人类基因组进行完整测序，研究人员得以估算出，人与人之间平均每 1000 个核苷酸就有一个不同（Durbin et al., 2010）。因此对人类基因组的 30 亿个核苷酸来说，每两个人之间平均有 300 万个核苷酸不同（1‰）。这一差值在不同地区不尽相同，亚洲为 0.9‰，欧洲为 1‰，以遗传多样性高著称的非洲则为 1.3‰。而加里曼丹岛上两只猩猩之间的差值为 3‰，是人类的三倍，这意味着智人的多样性不及非人类灵长类动物。更惊人的是，这些完整测序结果揭示，每个人平均携有 20 个功能完全丧失的基因。该差值还表明，相关突变对存活率和繁殖成功率的影响较微弱（否则这些突变会被淘汰），并且人体对此类功能丧失的耐受性较高——尽管部分基因可以有微弱影响，但它们并非至关重要。现今的人体研究方向是将这类"功能丧失"突变运用于治疗各种疾病。

适应正在发生的变化

群体基因组学方法不仅有助于确定突变的性质和（或）突变在基因组中的位置，还可以证明突变对个体存活或繁殖力的影响既可能是非常消极的也可能是非常积极的，虽然大多数突变的影响都十分有限。突变频率在种群间会有所波动，如果这些突变在保障后代数量方面具有优势，它们便会在种群间传播开来——这就是自然选择的分拣，达尔文思想的核心便在于此。如果积极影响或消极影响微弱，那么随机波动（偶然性）就可能在维持这些突变的代代相传方面起重要作用。近些年的研究让我们对这些突变的时间动态、空间动态及其复杂性有了更多的了解。在这方面，完善的数学方法、基因组学研究以及在实验室或大自然中进行的实验再度结合，革新了我们对这些现象的理解。蚊子种群对杀虫剂的反应便是一个令人惊奇的例子：常见于热带和温带的尖音库蚊（*Culex pipiens*）体内检测出一种针对部分杀虫剂的抗性基因。产生抗药性的突变最初是在 1977 年于利比里亚和尼日利亚检测到的，1986 年首次在法国检测出。突变得以快速传播是蚊子高效迁飞的结果，尤其是沾了航空运输的光。在库蚊以及疟疾的病媒生物按蚊（*Anopheles*）体内还存在很多其他抗药性突变，这些突变在杀虫剂（包括家用杀虫剂）大规模使用的压力之下得以维持。

对这种变异的量化和追踪，也有助于预测一个种群面对全新自然选择压力（如杀虫剂喷洒、气候变化、土地用途变化、遭遇外来捕食者或寄生物）时的进化。物种该怎样回应？是凭借可用的变异作出适应而留在原地，是迁往别处，还是两者兼具？不同物种的应对方式大相径庭。个头越大，世代时间越长、个体数量越少（比较一下大象和蚊子便可知），可用于适应的变异也越少，就越容易灭绝。而对于有能力迁往别处并找到可适应生境的物种，迁移始终是一种可选项。在蚊子一例中，我们可以看到迁移在输出有益突变从而应对人类活动方面，是一种极为高效的方法。一些研究提供了珍贵的迹象，通过再现物种在过去几十万年气候急剧变化（冰川作用和冰川消退）期间的迁移，让我们可以理解环境变化和适应性反应之间的关联。要想预测物种面对当代变化会作何反应，理解此类迁移及其影响是关键。为此，近年来学界通过动员各个国家的研究团队，开展了若干大规模的地理研究。

身体：受进化法则制约的生态系统

如果说人们过往对进化过程尤其是自然选择开展研究，主要是为了理解个体间的变异，那么最近研究人员的认识发生了一项重大改变：进化过程可以用作分析个体内部变异的框架。我们现今知晓，同一器官的细胞会发生可在细胞分裂时传播的遗传变异——这是一个必须应用达尔文理论来诠释的典型情况。事实上，器官是一系列细胞的集合，每个细胞都有自己的基因组。我们可以将之理解为多个个体（细胞）共存于一个种群，由于突变，这些个体的基因组各不相同，因此生态学和进化科学的工具有助于理解其动态。此番思想革命也影响着医学，本质上可被视作某个器官的细胞不受控发展而来的癌症，很可能是最有说服力的例子。最初，人们意识到癌症是动物身上的一种普遍进程，尽管不同物种对癌症的易感程度似乎各不相同。例如，大象似乎极少患癌。已知大象拥有 20 个肿瘤抑制基因 *TP53* 的基因拷贝，而包括人类在内的其他哺乳动物只有一个 *TP53* 的拷贝。近期研究表明，癌性肿瘤中的细胞具有庞大的遗传多样性，且多样性会随着肿瘤的发展而提升，以适应新的环境条件。同样，肿瘤转移可视作对新环境的定植，或者说是一种生物入侵。这种视角给相关疗法带来了新的转折。长久以来，对抗癌症的基础都是通过彻底的抗癌治疗根除增殖的肿瘤细胞，然而此举终将诱导出部分增殖细胞的治疗抗性，在一个无竞争对手的有机体（视同一个生态系统）内部，这些细胞随即便会迎来爆发式增长。事实上，运用达尔文式推理的化学治疗要比所谓的"根治性"疗法更高效。这类化疗的重点不再是根除肿瘤，而是促使肿瘤与其他细胞共存。此颠覆性疗法虽然主要源于技术能力的提高，但在很大程度上也具有概念性：这意味着看待疾病的视角发生了重大变化。因此，正如本章开头引用的杜布赞斯基名言蕴含的言外之意，达尔文理论为人们理解所有生命的机能提供了一个总体框架。

4 进化进行中

前文已经说过，物种的进化总体上是一个缓慢的现象。其动辄数百万年甚至数十亿年的时间尺度对人类而言着实难以领会，人类更熟悉的是从几秒钟到数百年这样的尺度。而这也使得在 20 世纪末之前，人们一直认为不可能观察到正在进行的进化。

为了再现生命过往的历史，生物学家往往需要扮演侦探的角色，充分利用他们可寻得的所有线索（化石、过去的气象资料、比对现有的物种等）。生物学家构建的进化情景只是一些假设，倘若发现新的线索，先前假设的进化情景便可能被推翻。如今，我们发现，实际上可通过多种方式来检验正在进行的进化：我们可以观察一些自然种群在仅仅数年内发生的变化，或是在实验室中让种群进化，我们还可以对古 DNA 进行测序以比对其后裔的基因，等等。有了这些新的实验方法，研究人员可以获取生命世界过往进化的可靠数据。

自然进化直播

为了实时观察与测量进化，生物学家开展了一些长期的研究项目，在这些项目中，野生生物个体都被独特的记号标记，以便研究人员追踪它们的一生。例如，经过对大山雀（*Parus major*）种群长达 47 年的观察，法国和英国的研究人员证实，为了应对气候变暖（图 2.11），这种山雀的产卵期提前了 14 天（平均每年提前 0.3 天）。该产卵期的提前与尺蛾科 *Operophtera brumata* 的毛虫的季节周期相关，这种毛虫是大山雀雏鸟的主要食物，且毛虫多度的达峰期也提早了 14 天。雌山雀之所以更早产卵，是为了将来雏鸟的摄食需求能与数周后的食物丰富时期相契合！目前的研究旨在了解这种应对环境改变的行为变化，究竟是源于个体的响应（每只鸟根据光周期、温度、降水、树木的季节变化等环境信号调整其繁殖时间），还是源于遗传学层面的进化（使繁殖提早的基因选择性表达）。

植物也懂得应对新的环境条件。例如还阳参属的 *Crepis sancta*（图 2.12）是蒲公英的近亲，常见于自然环境中，也生长于城市沥青路裂缝或建筑结构节点等不宜居的地方（Cheptou et al., 2008）。该植物十分特别，可以产生两种种子：一种呈羽毛状，位于花的顶端，可以被风吹散；另一种是比较重的非羽毛状种子，会掉落在植株附近。蒙彼利埃一些研究人员观察到，以同样的条件在

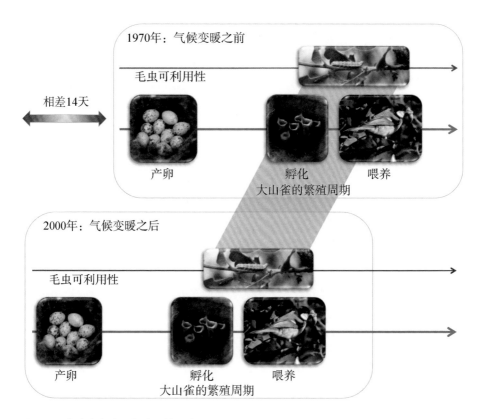

图 2.11 大山雀在产卵期方面的适应

从 1970 年到 2000 年，大山雀雏鸟主要摄食的毛虫的多度达峰期相差了 14 天。大山雀产卵日期逐渐提前，直至雏鸟喂养高峰期与毛虫多度达峰期相吻合。此番适应仅在 30 个世代内便完成，这一切是源于自然选择作用下的遗传学进化（只有产卵足够早的山雀存活），还是由于环境改变后动物的行为变化？

温室进行培育，城市中的还阳参比田野中的还阳参产生更多重种子。这一种子比例的变化似乎是在进化过程中被选择的：在城市中，重种子通常掉落于已经存在还阳参的地方，相比飘向远处却往往掉落在沥青路面的轻种子多一半的机会产生新植株。研究人员计算出这一适应发生在不到 12 年的时间里。因此，面对日益加剧的城市化，植物迅速适应，掌握了一种基于就近原则而非远距离散布的种子扩散方式。

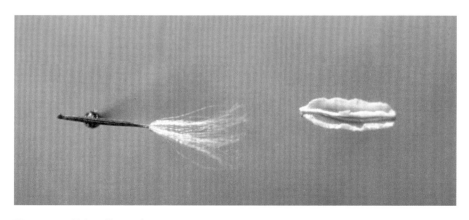

图 2.12　双管齐下的还阳参

Crepis sancta 是一种与蒲公英亲缘关系相近的野生还阳参，大量生长于城市中。其特性是可以产生两种不同的种子：大多数种子为羽状种子（图左），位于花朵顶端，可以随风飘散；少部分为较重的种子（图右），位于花朵两侧，从而增加了繁殖的机会。

快速进化的另一个惊人例子是抗生素抗性的进化。传染病学家需要重视这些进化，因为它们会改变不同感染原的相关风险。例如，大肠埃希菌自 2000 年代起涌现的多重抗性菌株彻底改变了该机会致病菌的相关状况，这目前仍是各医院的一大烦恼。

实验室中的实验性进化

通过利用一些世代时间不太长的生物，我们也可以在实验室中追踪进化过程。美国进化生物学家理查德·伦斯基（Richard Lenski）便是实验性进化领域的先驱之一。为了测试微生物适应受控环境的能力，他在实验室中让 12 个大肠埃希菌种群进行演化，实验至今已有近 30 年之久。研究人员定期将菌群样本冷冻贮藏，为已有的 6 万多个演化世代留了一份"化石档案"，这份"档案"里的样本均可通过解冻而复活，以便研究人员比对不同的世代。一个法国与美国的合作研究联盟对 268 个基因组进行的测序表明，历经 6 万个世代的进化之后，自然选择对基因组的塑造起着主要作用（图 2.13）。为了更好地理解环境适应的遗传基础，另一法－美联盟让 115 个大肠埃希菌种群在高温中演化了 2000 个世代。研究人员对各菌群的基因组进行测序，发现为了适应而有所改变的分子途径非常相似，但对应的突变本身却有非凡的多样性。由此可见，为自适应而发生改变的功能似乎数量有限，但有助适应实现的突变途径有很多，这表明进化在某种程度上属于一门预测科学。

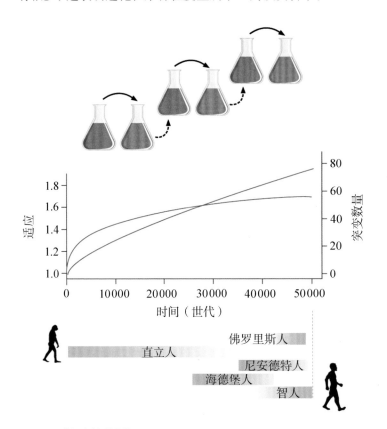

图 2.13　"瓶中的进化"

伦斯基的著名实验始于 1988 年，该实验每天在培养液中加入 1% 的前一天培养的大肠埃希菌（上图顶部为简化的示意图）。通过定期分析基因组，研究人员绘制出了 5 万个世代（大肠埃希菌每 20 分钟便分裂一次）的演进曲线：在最初的快速增长过后，突变随着时间的推移呈线性累积（红色曲线），而细菌对环境的适应趋于平缓（蓝色曲线）。此番"瓶装"细菌实验，从世代时间角度而言，相当于人类谱系 125 万年的进化（示意图下半部分）。

识破隐藏于古 DNA 中的秘密

20 多年来，人们已经可以提取并测序古老生物遗骸中保存的活性 DNA（图 2.14）。如此检测不同的永冻土——保持冻结数千年甚至数百万年的土地，就仿佛阅读一本书，书中记载着特定地区的过往生命史。如今，人们甚至可以唤醒一些沉睡了 3 万多年的病毒、单细胞生物或植物。马赛的生物学家就复活了两科新型巨型病毒（Legendre et al., 2014），它们拥有闻所未闻的形态，且可能曾与尼安德特人相伴。

博物馆的藏品中也有大量"沉睡"的 DNA，尤其是植物的 DNA。例如，法国生物学家对保存了数百年的亚洲、美洲和大洋洲的番薯样本 DNA 进行测序，并将其与现有蔬菜进行比对，结果发现欧洲人或许不是首批登上美洲土地的外国人（Roullier et al., 2013）：数世纪以前，一些波利尼西亚人或许到达过秘鲁，并且带回了珍贵的块茎，这些块茎便是如今太平洋地区番薯的前身。同样，植物园里的干燥植物样本也可以派上用场。一些科学家就是这样研究马铃薯晚疫病起源的。1845—1852 年，这种植物病害造成爱尔兰 100 万人死亡，

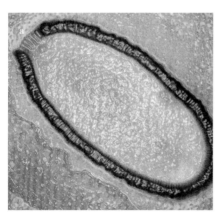

图 2.14　探索古 DNA

a. 这个有着 3 万年历史的西伯利亚阔口罐病毒（*Pithovirus sibericum*）发现于西伯利亚永冻土中，随后被送往实验室开展研究；b. 提取 DNA 前的马骨头样本，这是目前发现的具有 DNA 的最古老有机样本，该马生活于约 7 亿年前（Orlando et al., 2013）。

大量人口移居国外。彼时人们对于造成该流行病的病原体一无所知。而现在，对 170 年前微生物的测序结果显示，当年的病原微生物如今已消失不见。因此，马铃薯晚疫病如今的病原体并非如人们先前所猜测的那般，是爱尔兰大饥荒的元凶。

驯化生命

人类驯化了众多物种，包括微生物、植物和动物。驯化需要在一个种群中选择对人类有利的性状，而这些性状并不一定有利于该物种在自然环境中生存。我们已经知道，在不同的已驯化物种体内，总计数百个基因由于人类而有所修饰。这些数据表明，为了获取同样的有利性状，不同物种体内的相同基因和相同基因组区域的突变都是经过独立方式被选择出来的。因此，要使得某个性状进化，对要被修饰的基因来说似乎并没有多少选择。

"绿色革命"为诺曼·博洛格（Norman Borlaug）赢得了诺贝尔和平奖，他的宗旨曾是选择矮秆小麦品种，以避免在恶劣天气中麦穗重量压折麦秆。在不同的谷类作物中，都是通过一种激素（赤霉酸）的影响来减缓作物的生长。其中一个珍贵性状便是种子可以紧紧挂在穗上。人类筛选出了可导致种柄和穗轴之间的离层发育缺陷的突变，由此在收获之前不会丢失种子。在欧洲油菜和水稻中，这些突变都位于同样的基因组区域，但这两个物种使种子不掉落的离层性质完全不同！

如今我们对生物体内基因和其可观测性状之关联的认识有了长足的进步，在部分例子中，我们已经知道需要修饰哪个基因才能获得特定的性状变化。自 2010 年以来，CRISPR-Cas9 技术使我们可以迅速、精准地赋予已驯化物种一些预期的性状，而无需制造随机分布在基因组内的突变。在 2015—2016 年，为了培育出不会发黑的蘑菇和没有角的牛，一些生物学家针对相关基因进行操作并取得了成功。如今，更是开启了全新的驯化阶段：定向驯化。然而，CRISPR-Cas9 技术也引起一些问题，例如基因在自然界中的播散和可能出现的非预期不良影响，这显然会引发伦理学层面的争议。

未来的进化生物学

如电影《侏罗纪公园》中那般复活恐龙似乎毫无可能（因为 6500 万年之久的化石中保存的 DNA 已严重降解），但现今或许有望复活部分新近消失的物种。2009 年 1 月，一头西班牙羱羊指名亚种（*Capra pyrenaica pyrenaica*）通过克隆而诞生，这是已灭绝动物物种复活的首例，尽管新生的羊羔在出生数分钟后便因肺部畸形死亡。然而，此类"反灭绝"项目遭受众多抨击：许多人认为最好将这些成果用于保护濒危物种；还有些人认为，复活的物种并不能回归野生状态，只能在人工环境中维持生命。

进化生物学面临的另一关键问题是，相同性状的重复进化出现在没有共同祖先的不同物种中。事实上，对人类历史的详细研究表明，在不同的时间和不同的地点，相似的生命形态偶尔会独立出现。如今人们发现，此种重复进化是由于同一个基因的突变引发的。如果进化过程完全随机且对初始条件极其敏感，那么人们不会观察到如此多的重复。如此大量的重复暗示着，进化并非如人们曾认为的那般取决于初始条件。然而，一个由众多随机过程（突变、精子和卵细胞相遇、突发气象灾害等）造成的现象如何能变得可预测呢？这就有点像一名糕点师在不了解所处街区每个居民个人行为的情况下，根据一年中的月份来估算会被购买的巧克力盒数。实际上，短暂随机过程的影响会随着时间累积，从而呈现一些可预测的趋势。尽管突变的出现无法预料，但那些长期存在于种群中并带来物种间进化改变的突变是可预测的。那么，我们应该在数千个可能存在生命的系外行星上寻求怎样的生命形态？有 DNA、眼睛和脑的生物？目前，我们无从得知地球生命在其他初始条件下会有什么不同。尽管如此，生物学家正通过一系列实验和观察去研究该问题。生物学研究或许在不久之后可以为我们带来部分答案。

人类还在进化吗

这一问题的答案可能会令人惊讶。是的,从生物学角度而言,人类仍在持续进化。人口规模、我们对自然限制的文化回应大幅降低了偶然性和自然选择通过死亡率造成的影响,但是进化仍在持续。第一个例子与牙齿相关,牙齿大幅受制于机械应力。根据研究人员的观察(Le Luyer, Rottier et Bayle, 2014),法国新石器时代人口和中世纪人口相比,后者的牙釉质厚度更均匀。相比新石器时代,中世纪人口的牙齿磨损更具多样性,这或许是一种针对选择压力的反应。再看离我们更近的 1970 年代初,已有研究证实,在同质的法国农村人口中,身高的增长与父母各自出生地之间的距离呈正相关。这是近亲繁殖率降低和人口流动增加带来的自然结果(Billy, 1979)。

总结与展望

越来越清楚的是,在几乎所有与生物学相关的学科中——从基础研究、农业学、医学到生物多样性研究,运用进化概念已成为解释新近发现的首要方法。实际上,主要基于基因组分析的进化科学为解读对人类十分重要的问题提供了一把钥匙,这些问题既有基础问题,也有应用问题,例如地球生命起源、物种适应环境变化的分子基础、农业品种改良。因此,研究生命史有助于人类更好地理解自己生活的世界,了解人类如何成为这个世界的一部分,从而更好地保护这个世界和我们自己,这对于人类的福祉甚至人类自身的生存都至关重要。

除此之外,21 世纪生命史面临的重大挑战有哪些?如今的生物学告诉我们,生命系统包含从生态系统到分子等多个组织层次,它们能根据自身逻辑短期运转。人们也许会先想到癌细胞,它们可以不断自复制,直至所属的生物个体衰竭而亡；或是只通过雌性遗传的胞内共生体，它们通过将雄性宿主转变为雌性而促进自身的繁殖，但此举最终会导致宿主种群灭绝；还有一些逐渐进化的病原体，它们旨在与宿主形成互利共生关系。这些在不同组织层面之间的交互绝非特例，而是无处不在。由此，我们开始意识到，每一个体都可看作各个实体（基因、染色体、细胞、生物群落）的组合。人类也不例外：人体内的微生物区系，即居住在我们体内的所有细菌，对我们免疫系统的发育至关重要，并且是人体健康状态的一大保障。

　　从前，生物学家普遍认为，自然选择的结果便是生物完全适应环境，但这样的观念已被推翻。不仅仅是因为，正如《爱丽丝镜中奇遇记》（ *Through the Looking-Glass* ）中红皇后对爱丽丝所说，"必须不停奔跑，才能（于不断变化的环境中）保持在原地"，也不仅仅是因为过往的演化史和偶然性对现今适应可能性产生影响，还因为自然选择作用于不同尺度时能带来不同的利益，即便是在我们看来界定明确的实体内部也拥有不同尺度，而这些利益有时难以调和。

　　未来，生物学家应当理解这些多重交互在大尺度上的作用：他们有必要倾力去理解、去建模的，不再是适应自身所处环境的生物，而是通过各组分间的冲突与合作获得的一直不稳定的折中结果，相关组分本身也是更大的生态系统中的一部分，它们依赖于这些生态系统，同时也影响着生态系统的动力学。该目标很可能是我们面临的最大挑战之一。实现这一目标得收集海量数据，包括各种生态系统的完整数据、大量种群基因组的数据和无数生物细胞的数据。这就需要数学和算法的重大发展，并且需要能加强大规模合作网络的新一代生物学家，而这样的合作现象在核物理学或天文学领域已存在许久。

3

生命的
复杂性

◀ 图 3.0　果蝇脑部的视叶

该照片为在共焦显微镜下观察到的果蝇脑切片，呈现了用于处理视觉信息的视叶。细胞核标记为灰色，位于胞体之间的神经毡部分则以红色标记。左侧的果蝇幼虫在整个发育过程中以最优方式喂养，右侧的幼虫则饲养于养分贫瘠的环境，这导致它的视叶变小，然而，其神经元的多样性并未改变。

倘若花时间认真观察生命，谁会不为之惊叹？映入眼帘的是着实壮观的现象：无论是一群个体，抑或是显微镜下放大的单个细胞，生命会移动、会变大或缩小、会改变形态、会停下再出发、会繁殖、会死亡、会攻击、会逃避、会发出声音，有时甚至会发光！更妙的是，生命还会适应、会侵袭、会互助、会打斗、会利用邻居、会议论、会进食、会创新。在惊叹之余，我们难免迸出这样一串问题：生物是如何做到这一切的？开展所有这些行为的能力，或者说"生命力"，到底从何而来？

每个有生命的个体都由更小的元件组合而成。动物、植物都由细胞构成，细胞本身由分子构成，分子则往往是众多原子构成的。然而，这还不足以解释一切。石头也由更小的物质组成，但石头并不是"有生命的"。究竟发生了什么？构成生命的这些细小组分不仅数量众多，相互之间还会交互。这些成分其中之一活动与否，会对其他成分的活动产生重大影响。生命的一切就存在于这些关联当中，存在于时间之中。数十亿年来，生命通过重组元素集合以及各元素之间的交互作用而得以进化。在此处，一个分子剪切着另一个分子；在彼处，相互挨着的脂质组装成细胞膜，这是水以及数百万种化合物都无法渗透的壁垒，然后另一些更大的分子聚集起来，嵌入这层膜，最终形成一条仅供部分其他分子选择性通过的通道……

细胞同样如此：它们到处交流，交流或是在相距较远的情况下进行，或是通过相互接触而进行，并且这些"对话"不断改变着细胞的命运。没有什么是一成不变的，细胞和分子一样会变化、增殖、死亡。而在表面的混沌之下，这些元件——原子、分子、细胞，实则是高度有序的。它们产生了精细且分工明确的器官，它们有着自己内部的时钟因而知晓"时间"，它们定居于一些似乎专属于它们的"场所"。这一切错综复杂、环环相扣、精确安排。任何事件的出现和变化都取决于其他事件的发生。如果没有这数量繁多且"动荡不安"的元件及其创造的关联，就不会有生命。

因此我们为之着迷的，并非某个对象，也不是某些对象，而是有着活跃交互的对象的集合。这是一个复杂的系统。生物学家别无选择：复杂性乃其研究对象的核心。而该复杂性也是近 20 年来才被真正关注。我们对生命世界的观念正经历着革新。

为何是现在？20 世纪初期的一大特征便是酶学的兴起：酶这类大分子负责催化赋予细胞活力的化学反应。理解数百种酶的运转机制着实令人震惊，事实上其交互作用（酶相互接触并修饰彼此）已然暴露于聚光灯下，只不过仍难以剖析。试想晶体管的发现：人们发现该元件可以编码信息，并且可以与另一晶体管连接，这便是无线电通信的原理。然而据此还不能实施应用。直到 1980 年代，分子生物学使得同时研究多种酶、轻松修饰酶以及强化或干扰酶之间的交互成为可能。研究对象不再是"晶体管"本身，而更像是计算机的印制电路。随着基因组学和成像技术的发展，21 世纪起，人们已可以同时记录数千种生物组分的身份和活动，绘制它们的交互图谱也变得可能。大量"组学"新词出现，用于指称新的实验技术："蛋白质组学"旨在绘制细胞所有蛋白质及其交互作用的图谱，"代谢组学"的目标是研究所有新陈代谢反应，"表型组学"则研究生物的所有表型（大小、形态、运动……），等等。除"晶体管"之外，人们还发现了大量新组分，如"非编码 RNA"，其作用至关重要。与这一切相关的数据令人惊愕：一个分子或一个细胞不是与某一个分子或某一个细胞交互，而是与数百个分子或细胞交互，且交互位置和时间并不固定，有些交互是持久的，有些则仅仅持续一毫秒。

生物学家忙得不可开交，他们围绕一个又一个主题组织着大型研究联盟。越来越多其他学科的科学家观察到此番巨变并加入他们。大家忙成一团。因为我们所谈论的有生命的物体（动物或植物），并不是一台孤立的计算机，而是数十亿台互联计算机的集合。该集合的一些特性不能归因于某一个元素，只能归因于整体。生物学家打交道的不再是一个晶体管，也并非一台高性能计算机，而是一个堪比整个互联网的复杂系统。此系统速度快，会进化，会自修复……而这一切都归功于生命群体的庞大数量、多样性、各种连接以及随时间变化的动力学。科学家面临的挑战不仅仅是分析大量实验数据，还必须研发数字工具和可以诠释相关工具的概念。因为一旦交互网络被揭晓，科学家就得搞明白其运作机制。而要了解一个系统中各组分间的交互所表现出的特性，就必须在遵循自然规律（譬如物理定律）的前提下，构建数学预测模型。这就是生物学与过往决裂的转折点：生物学由描述性学科转变为预测性学科。生物学家不再满足于编制分子或物种的目录，他们的雄心在于理解运动，在于发现支配集合所有特性的公式。该决裂的产生是因为如今可以结合物理学工具和生命绘图技术建立必要的数学模型。因此，直到现在我们方可感知生命，并且直到现在我们才具备能力，从方法论上领会生命全部复杂性。

本章是一场深入生命复杂性及其引发的问题的旅程。我们将揭示许多 20 年前还无法想象其存在及相关交互的分子。随后我们将潜入一些细胞的内部，观察它们如何区分病原体并应对病原体的攻击。接下来我们将观察细胞如何增殖、自组装、自组织并共同构建我们所了解的器官和机体的独特形态。我们还将进入最令人着迷的器官——脑，其功能正是建立于众多细胞速度惊人的交互作用之上。最后，我们将看到个体之间的交互是如何组织动物社会生活并促使某种形态的集体智能诞生的。诸位虽然眼睛（其本身也是一个奇迹）仍然聚焦，但想必大脑已迫不及待，那么让我们开始这场愉快的旅程吧！

1 生命比看起来的还要复杂：非编码 RNA 尽头之旅

每一次新的发现都会让我们进一步认识到生命世界是何等复杂。人们每天都会发现新的物种、新的组构方式、新的细胞类型、新的分子。例如，近年一场"地震"撼动了遗传学的地基。自从 20 世纪中叶人们发现遗传密码，"万物皆基因"便成为主流，并且人们认为，由基因编码的蛋白质操控着一切。

基因是一段 DNA，而 DNA 这种生物大分子——人体每个细胞中都有 2 米长的 DNA——本身是一条由 4 种不同类型核苷酸（用字母 A、T、G、C 表示）

组成的长链聚合物。DNA 片段不同，核苷酸的连接顺序也不同，而这决定了所谓的基因组"序列"。我们可以认为，每个核苷酸对应字母表中的一个字母，只不过该字母表只包含 4 个字母（A、T、G 和 C），它们构成了一种语言即"遗传密码"的编码词语。这些词语所在的 DNA 区域便是所谓的"编码区"。这些词语携带着合成蛋白质的所有指令，某种层面上就是合成蛋白质的"菜谱"。蛋白质是"细胞工厂"的工人，负责能量转化，同时还构建、维护、保护细胞元件，从而使得细胞可以生长和增殖，并与其他细胞交互。蛋白质合成指令由 DNA 传递给信使 RNA（本质上是一条用作 DNA 副本的核苷酸链），随后该信使 RNA 被翻译成蛋白质。截至目前，只有携带蛋白质合成信息的 DNA 片段被称作"基因"，人们将它们视为支配整个生命体的"控制器"。在这种生命观中，细胞仅"阅读"DNA"编码区"，即细胞将之"转录"为信使 RNA 后"翻译"成蛋白质。人们还知道，在这些"编码区"周围存在一些似乎不携带任何信息的 DNA 片段。这便是基因组的"非编码区"（图 3.1）。法国巴斯德研究院一支团队（该团队于 1965 年获得诺贝尔生理学或医学奖）于 20 世纪发现（Jacob et Monod，1961），在"编码区"周围有一些"非编码区"，对于控制编码区的阅读有着重要作用。但彼时人们认为这些非编码部分的功能也仅限于此。在大部分情况下，"非编码区"被视作没有实际功能的"填充物"，人们甚至称之为"垃圾 DNA"。编码基因被视作支配着细胞中的一切，且只有它们才具备研究价值。

此种过于简化的细胞世界观念近来已被粉碎。首先，人们对众多物种的 DNA 进行"测序"即破译，最初被破译的是分子较短的细菌 DNA，然后是包括人类在内的更复杂物种的 DNA，随即人们意识到，事实上，在最复杂的物种中，其基因组"编码"部分的占比极低。例如，人体内每个细胞的 DNA 长 2 米，但是其蛋白质编码区只有 6 厘米长！

在许多复杂物种——水稻、苍蝇、兔子，甚至装饰阳台的天竺葵——基因组内都能观察到该现象，只不过比例各有不同。最近人们还发现，与之前所认

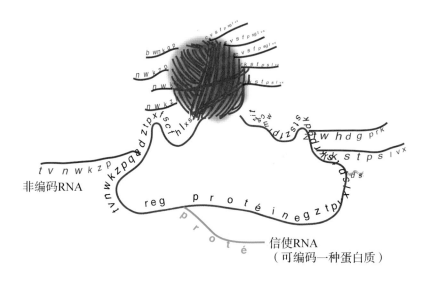

图 3.1　编码 RNA 和非编码 RNA

每个人体细胞都具有 2 米长的 DNA（分为 46 个尺寸不一的片段，称作染色体，图中以一团线的形式示意其中一条染色体），然而在这 2 米之中，因遗传密码而具遗传学意义的"编码"部分（即编码蛋白质的基因）总共只有 6 厘米长。其余显然不具遗传学意义的部分就是"非编码部分"。然而，几乎所有部分都会被阅读并被转录为 RNA，6 厘米长的编码部分转录为信使 RNA，其余 1.94 米的非编码部分转录为非编码 RNA。因此，非编码 RNA（红色）的种类要远远多于编码 RNA（绿色）。一些短小的非编码 RNA 通过附着到信使 RNA 上，阻断蛋白质的表达；一些长链非编码 RNA 有同样的作用，不过它们直接附着到基因上；DNA 的调节部分（图中信使 RNA 上方对应的 reg protéine* 部分）也控制着蛋白质的表达。

为的相反，几乎全部（80%—90%）的"垃圾 DNA"都会被阅读！"垃圾 DNA"会被转录成 RNA，但该 RNA 并非信使 RNA，因为它不能通过遗传密码语言被阅读以合成蛋白质。因此，人们将此类 RNA 称作"非编码 RNA"（图 3.1）。

　　非编码 RNA 有什么作用？它们是否也支配着细胞的生命？

---

　　* reg protéine 即法语的"蛋白质域"。——译者

小 RNA 控制大 RNA

部分非编码 RNA 很短小，小到被人们称为微 RNA（miRNA）。也正是这些微 RNA 的发现打开了遗传学理论的首个突破口。20 世纪末，人们在体长仅 1 毫米且不具任何经济或卫生价值的秀丽隐杆线虫（*Caenorhabditis elegans*）身上发现了非编码小 RNA（Fire et al., 1998）。这些非编码小 RNA 与长链信使 RNA（源于"阅读"基因，携带蛋白质信息）通过序列的"互补性"而相连接（有点像拉合拉链）。一旦与信使 RNA 相连，非编码小 RNA 会阻碍信使 RNA 被"翻译"成蛋白质。如此一来，非编码小 RNA 就阻断了基因的表达。小 RNA 便是这样控制着大 RNA 的！这些小 RNA 是蛋白质合成的"空中交通管制员"，因此它们也支配着细胞的生命。不过，其"控制塔"并非仅见于 DNA 和基因层面。这种出人意料的调节系统很快被证明具有普遍性，人们在植物和动物体内都发现了此类系统。这些 RNA 从各个层面干预着细胞、个体和物种的命运。它们对线虫胚胎发育的影响尤其引人注目，且正如维勒瑞夫一支进行肌肉研究的团队指出的（Naguibneva et al., 2006），这些 RNA 对所有物种体内组织的形成起着至关重要的作用。

植物的小 RNA "足智多谋"

小 RNA 的发现揭示了一个此前在很大程度上被忽视的世界。事实上，细胞含有无数非编码小 RNA，它们发挥着各种各样的作用。例如，一些非编码小 RNA 可担任"哨兵"，使某些单细胞物种（细菌）和多细胞物种（植物、无脊椎动物）得以防御病毒的入侵。在细菌体内，有些小 RNA 是应答病毒感染而产生的，它们可以识别入侵者并通过 CRISPR-Cas9 防御系统消灭病毒。细菌小 RNA 的发现还革新了基因组修饰技术，科学家由此可以更快地解决众多问题。凡尔赛一支研究团队（Mourrain et al., 2000）指出，在植物（还有某些无脊椎动物）体内也会产生一些小 RNA 以应对病毒感染，但是这些小 RNA 源于病毒自身！被感染的植物利用入侵病毒的 RNA 产生一些小 RNA，它们是病毒

图 3.2　没有小 RNA 就没有生机

在左边的种植槽中，被芜菁黄花叶病毒感染的植物拟南芥（*Arabidopsis thaliana*）能够产生一些非编码小 RNA 去消灭病毒，最终得以存活；在右边的种植槽中，植物无法产生非编码小 RNA，结果病毒占据上风，植物死亡。

RNA 的完美仿制品，因此与病毒 RNA 完全"互补"（就像彻底拉合的拉链）。这些小 RNA 随即紧紧贴住病毒，绝不撒手。此外，它们还能调动细胞蛋白质摧毁病毒，由此拯救植物（图 3.2）。

　　通过挪用病毒的遗传物质反攻病毒，被感染的植物细胞无论面对何种病毒都能产生针对性工具应敌。这一过程称作"RNA 干扰"，被合成出来的这些小 RNA 则是"小干扰 RNA"。然而，要知道，有很多病毒通过合成对抗 RNA 干扰的蛋白质，绕过了这些植物防御系统。

长链非编码 RNA 并非多余

　　与非编码小 RNA 同样驰名的还有其"表亲"长链非编码 RNA。它们数量也很多，而且仍然神秘莫测。人们现在探索的只是冰山一角，但已经带来了一些令人惊奇的发现。从生物的繁殖、成长乃至其生存，长链非编码 RNA 干预着几乎所有生物过程。

　　如何干预？一方面是如同非编码小 RNA 般控制基因的表达，即控制蛋白质"菜谱"的阅读：长链非编码 RNA 可以帮助区分哪些"菜谱"页面应被阅读，哪些页面不应被阅读。事实上，同一个生物的所有细胞有着同样的基因组，或者说同样的遗传"菜谱"，但不是所有页面都一直处于打开状态。每个细胞都有一些页面是打开的且做好了被阅读的准备，其他页面则是闭合的，无法被阅读。肝细胞、肌肉细胞和脑细胞中打开的页面各不相同。开合页面的机制形成了所谓的"表观遗传过程"。非编码 RNA 是这类过程的关键角色，它们可以合上一些页面，甚至可以将无用页面删得一干二净——巴黎一支研究团队（Singh DP et al., 2014）证实，该现象可见于一种单细胞生物草履虫。大多数情况下，非编码 RNA 只临时遮挡那些不应被阅读的页面。它们甚至可作用于整条染色体。事实上，一个人体细胞中 2 米长的 DNA 并非连成一片，而是由 23 对染色体构成的。男性拥有一条 X 染色体和一条 Y 染色体，女性则有两条 X 染色体。不过，女性两条 X 染色体中只有一条起作用。巴黎几支研究团队（Chaumeil et al., 2006；Vallot et al., 2013）参与发现了一条长链非编码 RNA，会随机使某条染色体失去作用：它将染色体包围在一团"云"中（图 3.3），形成一个封闭的牢笼，该牢笼使得染色体完全无法被接触，从而抑制了该染色体所含基因被阅读。

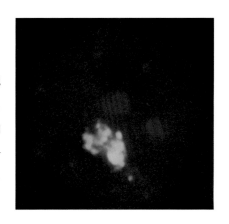

图 3.3　覆盖 X 染色体的长链非编码 RNA
与 Xist* 对应的非编码 RNA 被染成浅绿色，细胞的 DNA 被染成深蓝色。当 Xist 与 DNA 结合，浅绿色和深蓝色重叠使得 Xist 呈浅蓝色。我们可以看到，浅蓝色的 Xist 都聚集在细胞其中一条 X 染色体所处的区域，并将该区域完全覆盖，形成了某种牢笼。另一条 X 染色体保持自由。

---

　* 其中文名为"X 染色体失活特异转录因子"，本质上是一种蛋白质。——译者

被科学家忽视已久的非编码 RNA，现在看来是影响所有生命的关键角色。并且它们都与基因、信使 RNA 乃至其他分子交互，显著提高了细胞内分子交互网络的复杂性。非编码 RNA 在基因组中占比极高（人类基因组中 97% 为非编码）。因此，它们也是蕴藏着目前仍未知的潜在生物功能的巨大"宝库"。即便是不同的物种，其编码基因仍可能十分相似，而不同物种的非编码 RNA 相差甚远。因此，一个问题应运而生：非编码 RNA 在物种多样化以及物种内部的个体多样性中究竟扮演着什么角色，使得每个个体独一无二？

很显然，非编码 RNA 是生物学中有待探索的一个新未知领域。毫无疑问，相关领域的科学家任重而道远。

CRISPR-Cas9：革新生物学的细菌系统

细菌也有自己的小 RNA 系统，其运作方式不同于植物和动物的小 RNA 系统。在细菌基因组中，一组 DNA 序列被转录成小向导 RNA，后者能识别与自身数量相当的噬菌体（攻击细菌的病毒）序列，并且散布于它们复制的序列之中，这一整体形成了"成簇规律间隔短回文重复"（clustered regularly interspaced short palindromic repeat，简写作 CRISPR）区域。当细菌被感染时，这些小 RNA 会引导一种能够切断噬菌体 DNA 的酶，这种内切核酸酶称作"Cas9"——Cas 指"CRISPR 关联序列"（CRISPR associated sequence）[*]。每当细菌遇到新噬菌体，其 CRISPR 系统便会增加一个新的小向导 RNA，使细菌及其后代获得相关免疫力。这样的系统很有吸引力。不过直至人们证实（Doudna et Charpentier，2014）它可被"引进"任何生物的细胞内，该系统才真正变得炙手可热。在细胞中同时引入

---

[*] Cas 的主流解释是它是 CRISPR 的首字母 C 与 associated 前两个字母 as 的缩合词，而 Cas9 一般指 CRISPR associated protein 9 的缩写，可译成"CRISPR 关联蛋白质 9"。——译者

一个可切断目标 DNA 序列的向导 RNA 和 Cas9，人们可随意利用该系统轻而易举地修饰相关细胞的基因组。此番发现大大便利了对基因功能的研究，对于医学，尤其是基因疗法也举足轻重。这项源自与人类远缘的生物细菌体内的发现，将再次颠覆我们对人类生物学的认知，也许还可能颠覆未来的医学。

动物如何防御细菌侵袭

在植物体内，免疫力可通过非编码 RNA 获得，在动物体内则是通过一些可摧毁感染原的特化细胞获得的。作为种类繁多的免疫细胞，白细胞负责探测所有针对细胞的侵袭，并消灭病原体，包括病毒、细菌、寄生虫等，从而促进组织修复。有的白细胞可杀死被感染细胞，有的白细胞仅仅起到调节作用（协调其他白细胞的活动）。因此，正是细胞间的协作确保着各器官维持良好状态，使机体得以存活。免疫细胞相互之间持续交互，也和体内许多其他细胞交互，因此需要一番复杂的协调，这是通过整合多种特异性分子信号实现的。在每个免疫细胞内，受体（专门接收信号的分子）会探测到病原体或说感染原侵袭造成的异常。这些异常被认作"非我"，受体是区分"自我"与"非我"组分的基础，"自我"即个体自身的细胞和分子，应当被耐受，而"非我"是感染原之类的外来分子和细胞。因此，其中一些受体专门识别外来的细菌、病毒或分子，其他受体则应对未感染情况下的内在功能障碍。值得注意的是，近些年，尤其自发现人体和众多细菌共生以来，"自我"与"非我"之间的界限发生了很大改变。事实上，我们身体中细菌数量与细胞数量相当，我们与细菌和谐相处，它们帮助我们实现一些机能，如食物的消化。虽然这些细菌并非真正的"自我"，但它们应当被耐受。

一项新近发现揭示了一个免疫受体家族的存在，这类特异性受体专门探测异常情况（尤其是感染导致的异常），并且在动物体内高度保守：其名为 Toll

样受体（Toll-like receptors，简称 TLR）*，最初发现于模式生物果蝇体内，在启动包括哺乳动物在内的生物的免疫应答方面发挥着关键作用。

如何防御微生物？师从昆虫！

19 世纪末，梅奇尼科夫（Ilya Ilitch Metchnikov）在研究海星幼体时发现了"吞噬"现象（名为"吞噬细胞"的特化细胞摄食微生物的现象）。随后的种种研究表明，吞噬可以"杀死"这些微生物，帮助机体防御各种感染。不过，防御感染并非这些吞噬细胞唯一的功能。它们还有多种其他功能。譬如，吞噬细胞可介入修复受损组织，甚或控制免疫应答——有点令人意外的是，它们可以在不进行吞噬的情况下阻断任何免疫应答。彼时，该领域的核心问题是，吞噬细胞如何编排各种功能？被微生物感染时该修复组织还是进行破坏？它们如何知道是否需要对微生物做什么？

数十年来，全世界众多研究团队对各种模式生物开展研究，力求解答这些问题。而这段历史的源头，是一个与生物实验室常用的黑腹果蝇（*Drosophila melanogaster*）的胚胎发生（胚胎形成）相关的蛋白质家族。在发育过程中，胚胎细胞"习得"其必须具备的功能，形成组织和器官。这些过程由细胞间的"对话"协调，相关信号的交换或是通过细胞相互传递分子介质，或是通过细胞直接接触。这些信号由特异性受体接收，受体一般分布于细胞表面。Toll 样受体便是黑腹果蝇胚胎形成过程中，细胞为了协调一致而相互传递的介质之一。

其实，在烟草等植物体内，有一种与 Toll 样受体相似的分子关乎对烟草花叶病毒的抗性（Whitham S. et al., 1994）。受此启迪，斯特拉斯堡大学

---

* Toll 出自德语的叹词，当时研究人员在发现时说出一句"这太棒了！"（"Das ist ja toll！"），由此得名。——译者

儒勒·奥夫曼（Jules Hoffmann）团队发现，Toll 样受体分子与果蝇的抗感染相关——实际上，团队成员布鲁诺·勒梅特尔（Bruno Lemaitre）在 1990年代初就研究了果蝇体内与抵抗真菌感染和细菌感染相关的基因。该团队通过研究证实，因在胚胎形成中发挥作用而被熟知的 *Toll* 基因，其特别之处在于它可诱导保护性分子的分泌，从而在保护果蝇免受感染方面起到重大作用（Lemaitre et al., 1996）。这一成果为"固有免疫"概念提供了实质内容（固有免疫是通过遗传获得的先天免疫；与之相反，获得性免疫是后天通过接触病原获得的，疫苗接种便是以此为根据），随后产生了重大影响。该发现首次证明了存在两种抗病原免疫防御的特异性通路，涉及两种相互独立的"受体"。

与此同时，美国耶鲁大学查尔斯·詹韦（Charles A. Janeway）团队尝试理解免疫系统如何识别并抵御微生物（"非我"）而不会抵御个体自身的组织（"自我"）。该团队的研究成果提出一种假设：某种分子只存在于微生物体内，哺乳动物细胞中没有其身影。可识别此类微生物分子并在哺乳动物的免疫细胞表面表达的受体或许能够解释针对微生物的选择性反应（Janeway, 1989）。这在当时是一个非常大胆的假设，遭受了颇多争议。

直至奥夫曼和詹韦这两位杰出生物学家将各自独立的研究成果合二为一，才催生了 20 世纪末生物学最重大发现之一的理论基础。果蝇体内诱导抗菌肽生成的受体家族是否曾在哺乳动物体内进化，从而识别哺乳动物细胞不具有的细菌组分，并使得免疫系统可以区分"自我"和"非我"？假设被提出后，两支团队联手进行了验证。詹韦与他当时的学生鲁斯兰·麦哲托夫（Ruslan Medzhitov）在哺乳动物体内鉴定出 Toll 样受体的一种同源体（Medzhitov, 1997），并将之命名为 Toll 样受体 4（TLR4）。他们指出，与果蝇体内识别内在信号（由果蝇细胞自身产生）的 Toll 样受体

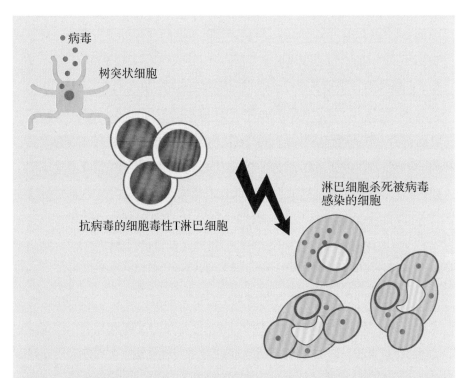

图 3.4　防御病毒侵袭的一线

病毒激活所谓的"树突状细胞"，这种细胞基于其固有免疫的 Toll 样受体识别出相关病毒。随后，该树突状细胞激活"细胞毒性 T 淋巴细胞"，这类白细胞能特异性识别病毒。已激活的细胞毒性 T 淋巴细胞会杀死被病毒感染的细胞。

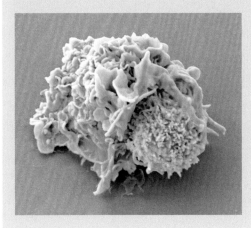

图 3.5　树突状细胞激活淋巴细胞

在这幅扫描电子显微镜拍摄的显微图中，树突状细胞（蓝色）与淋巴细胞（黄色）紧贴着交互，从而向淋巴细胞呈递抗原并激活淋巴细胞。

不同，小鼠体内的 TLR4 可识别革兰氏阴性菌细胞壁的一种保守组分脂多糖（LPS）。随后，布鲁斯·博伊特勒（Bruce Beutler）团队破译了 TLR4 与脂多糖结合后启动的细胞内信号级联反应，该级联反应可激活炎症系统从而活化"巨噬细胞"并增强其抗菌能力（Poltorak et al., 1998）。

2011 年，奥夫曼和博伊特勒因在固有免疫机制方面的研究成果被授予诺贝尔奖，他们与拉尔夫·斯坦曼（Ralph M. Steinman）分享了这一奖项，后者发现了树突状细胞，这类细胞是诱导获得性免疫应答的基础（Steinman et Cohn, 1973）——詹韦在几年前就因癌症去世，所以未能获奖。20 年来，全世界有数百支团队倾力研究该受体家族和泛指的先天免疫。奥夫曼团队最初的例子为随后发现整个 Toll 样受体家族（编号 1—11）开辟了道路，不同的 Toll 样受体可特异性识别微生物的各种组分，包括 DNA 或 RNA 之类的核酸。固有免疫受体（特异性识别微生物各组分的受体）之概念随后扩展至其他受体家族，其中有些受体存在于细胞内部而非细胞表面。这些受体家族会诱导其他类型的免疫力（如针对病毒、寄生虫或真菌的免疫力）。

奥夫曼团队的先驱性研究成果颠覆了生物学和公共卫生领域，现今已有一些针对固有免疫的药物。此类药物被用于治疗各种炎症性疾病，亦被用于某些感染患者或癌症患者的疫苗接种。从苍蝇、小鼠到人类，固有免疫机制都高度保守。不仅如此，最近一项研究表明，在地球上已出现了数亿年之久的海葵，其抗感染分子与 Toll 样受体惊人地相似。

激活此类分子可诱导产生众多其他分子，包括一些特异性抗体（识别"非我"分子的特定分子），其种类不胜枚举。

在整个生命周期中，免疫应答能力都被精细调节，主要是为了母体可耐受胚胎，抑或使得新生命适应外在环境和营养改变。更广泛而言，每个个体都得不断面对环境及其自身组分的变化,个体必须适应这些变化以维持一种动态平衡。这一平衡需要个体自身免疫系统中发挥作用的细胞和分子保持更新。

新近的技术发展揭示了,具备特定功能的细胞有着极大的多样性,远远超出人们最初的设想,并且这些细胞的可塑性也很让人意外。事实上,细胞可以在多种信号的作用下从一种类型转变为另一种类型,同时细胞自身特性和功能发生深层改变。甚至有研究表明,一个特化细胞可通过重新编程转变成另一种细胞。杀伤性细胞可转变为调节性细胞,甚至可转变为"多能"细胞,这种细胞能够分化成不同种类的细胞。此种更新能力和可塑性是基础性的,但随着时间的推移,此番能力也会衰退,这就是衰老的原因之一。更好地理解其中隐藏的机制以及它们的调节,对于应对功能障碍至关重要。

2 介于生命与精神之间的脑

如果说免疫系统已经算得上复杂,那么脑呢?人脑拥有上百亿个神经元,每个神经元与其他数千个神经元相连,它无疑是一台复杂得令人着迷的生物"机器"。人脑不仅处理我们感官捕捉到的环境信息,而且管理我们的思想、情感、决策与行为。它使我们可以探索、学习、适应环境,以及与他人进行社交。与此同时,脑还参与调节生命基本功能,如心跳、呼吸或消化。脑是一个不断进化的多任务器官,其运行从无间断,而其消耗的能量不过20多瓦,也就相当于一个灯泡的功率!

理解脑的一切既是技术挑战,也是智力挑战。我们将大脑想象成一组套盒,每一个套盒对应一级组构层次:首先是构建基石的细胞神经元,其次是邻近神经元的集群,最后是横跨若干脑区的更大规模的神经元集合,这一相互连接的复杂整体构成了每一个体的脑。目前我们尚不能揭示脑的所有奥秘,只知晓其中一二。

神经元以多种形式存在,功能也各不相同。有些神经元激活相邻神经元,有些则抑制相邻神经元。通过可放大 500 万倍的显微镜进行纳米尺度的结构观察，我们能可视化神经元的众多组分。神经元并非脑中仅有的细胞；它们不能独立运行，且需要神经胶质细胞提供营养与保护——关于神经胶质细胞的功能以及它们与神经元的交互，人们的了解与日俱增。现今，我们已经知晓如何实现脑及其各种组分的成像。

理解脑的动力学是一个全新的挑战：为了解神经元之间的交互，人们借助照片和视频，在信使分子尺度或神经元细胞的尺度下研究相关交互作用。有了双光子显微镜，人们可以观察神经元内部分子尺度的活动动态，并将一群神经元在个体某一既定行为中的活动可视化。脑由众多"区域"构成，例如大脑表面的"大脑皮质"，皮质下的"海马""纹状体""小脑""杏仁核"……这些脑区每一个都是人们单独研究的对象，或是在人类和动物身上研究与其他区域之间的交互作用的对象。研究的关键是，在理解每个脑区各自特性的基础上，搞明白它们如何通过交互作用使得或单一或复杂的行为产生。每个盒子的组装都只是一套简单的加法吗？整体仅是各部分的总和吗？只要共同合作，无论是在分子、神经元、脑区抑或个体的尺度上，就能产生新的可能性？这些问题都是 21 世纪神经科学的研究重心。

揭开神经元的秘密

近几年，随着众多发现打破固有教条并拓宽认知前沿，神经科学领域被颠覆了。好消息是：一直以来人们认为成人大脑会不可避免地衰退老化，但事实上，成人大脑依然保有可塑性和通过"神经发生"机制产生新神经元的能力。这些全新的神经元可以连接到已有的神经元网络，参与学习和记忆过程。有研究证实，促进此类神经发生可以延缓老年小鼠的记忆力衰退。

产生新神经元的脑区之一是海马，记忆就是在这里形成的。而神经元的秘密，恰好也得从记忆开始揭示。神经元就像一个种群中的个体，可以聚集起来学习一项任务。当一群神经元合作，便产生了记忆。2013 年，若干北美科学家将这种活动可视化，并按需激活这些神经元，由此在小鼠脑中创建了一份新记忆。随后，法国一些科学家在小鼠睡眠期间创建了一份新记忆。凭借存在于海马的"位置细胞"（因机体处于一个既定地点的特定位置而被激活的神经元，2014 年其发现者被授予诺贝尔奖），这些科学家在一个既定地点和一种奖励之间建立了人为关联。于是，尽管从未亲身去过，但小鼠"记得"该地点，并因希望获得记忆中的优质奖励而前往那里（图 3.6）。

然而众多问题仍悬而未决：例如，如何才能改善记忆？神经科学再次提供了一些有趣的线索，例如记忆脑区和决策脑区之间的交流，抑或运动和记忆稳定之间的联系。最终，通过一系列睡眠研究（Jouvet，2013），法国神经科学家给出了人们梦寐以求的解释：学习、奖励和睡眠形成的鸡尾酒效应有利于更好地记忆。

你们知道除了脑内，别处也有神经元吗？这些既能够传递单一信息，又能自行组合创造新功能的可塑神经细胞也存在于肠道内。我们的腹部不仅包含神经元，且其数量甚至多达好几亿！此外，居住在我们肠道内的所有细菌，即

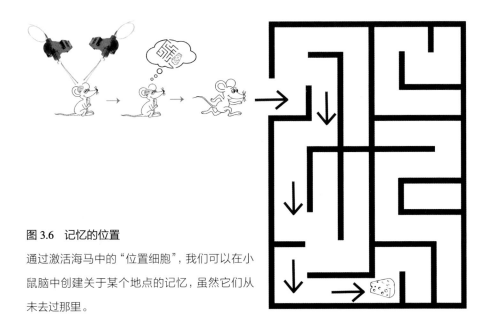

图 3.6　记忆的位置

通过激活海马中的"位置细胞"，我们可以在小鼠脑中创建关于某个地点的记忆，虽然它们从未去过那里。

"微生物区系"，不仅影响着我们的情绪和（或）饮食行为，也影响着我们的记忆。微生物区系和脑的关系已然成为当前关于人类行为研究的核心。

脑内神经元"群星闪耀"

近 20 年来，针对人类全脑尺度的成像技术取得巨大进步（Le Bihan，2012），使人们得以获取关于大脑活动的解剖、功能、代谢和电磁信息。如今我们可以辨别各种心理过程涉及的特定脑区，从最简单的感官知觉到最复杂的认知功能，如预料、语言交流、猜测他人意图、感知情绪……

除了区分与感觉（视觉、听觉、嗅觉、触觉，以及由前庭负责的平衡觉等）处理相关的脑区，神经科学还明确了专门处理更复杂信息，如识别面孔、识别单词或理解语言的脑区。1990 年代末，意大利一支团队的发现为彼时理论性的"镜像神经元"假设开辟了道路——根据这一假设，观察或仅仅想象其他人完成某个动作，就可激活与我们自己进行该动作时被激活的类似脑区。随后众多脑成像研究表明，该镜像神经元原理或许正是模仿学习的基础，更广泛而言，这是通过自身表现理解他人的基础。我们能否根据自身的情感经历感知他人的情感，并表现出共情（Buser，1998）？这一问题仍需大量研究。

在一系列力求精准定位各种心理机能的研究面前，若干局限性很快便显现出来。正是考虑到了人类行为和思想记录的丰富性，以及脑的复杂性（尤其在连接方面），我们才能规避一种源于神经影像学的新"颅相学"（Changeux，1983）。在 19 世纪时，人们曾通过观察颅骨形状寻找"数学天才"：颅相学旨在发现每一个天才的颅骨的特殊性状。* 随着成像技术的发展，人们希望明确定位与某些功能（如情绪、记忆或语言）特异性关联的脑区。事实上，我们如今已知道，这些复杂的功能并非局限于单一的脑部结构，而是由分布于全脑的神经网络动态交互产生的。

---

　　* 颅相学目前已被证实是伪科学。——译者

运动中的大脑

要理解与我们的行为、思想、心理状态息息相关的处于活跃状态的大脑，我们就不能满足于仅揭示部分活跃脑区寥寥无几的"快照"。更重要的是了解错综复杂的神经网络的动力学，以及神经元亚群之间耦合、去耦或交叉互动的时刻。功能性磁共振成像（fMRI）可以提供持续数秒的毫米级脑部活动影像（图 3.7）；电生理技术（脑电图或脑磁图）的时间尺度可达毫秒级，而该时间分辨率对于剖析神经过程的连贯性至关重要。如今，这些技术的结合运用，有时甚至得同时运用，为全面研究脑动力学提供了可能性。

注意力和记忆等重大功能的研究由此侧重于人们愈发了解的神经元网络。脑部各结构之间的交互似乎基于若干分布式振荡活动：低频振荡被认为能使待交流的脑区同步，而高频振荡应是用于编码有待传递的信息。正蓬勃发展的该研究领域将帮助我们破译与人类行为和心理状态相关的神经生物学。意识，并非只是一种哲学概念或道德观念，而是一种实实在在的复杂生物学现象，它产生于多个脑区之间的交互。这种基于同步神经网络的机能，还可以通过加强最常用的连接而重塑大脑。大脑可塑性机制是人类学习能力的基础，且终生如此。

刺激脑部以理解因果关系

无论对脑功能的探索达到何种程度（从几个神经元到各大脑区），有一点至关重要：鉴定神经元活动的量化观察和行为表现之间的因果关系（图 3.8 和图 3.9）。凭借新技术，研究人员如今已能对神经元亚群开展研究。例如，光控遗传修饰技术让人们得以用光线控制多个极特殊神经元的活动。借助经颅磁刺激或电刺激等无创性技术（无须穿透皮肤侵入机体），专家可以在人体内实现同类型的更大范围的脑区调制。通过观测这些调制的后果，科学家可以理解脑区和行为之间的因果关系（Dechaene，2014），并为治疗某些脑功能障碍开辟新途径。

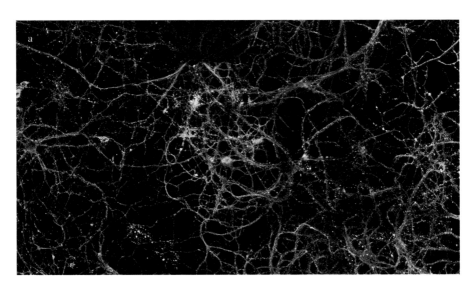

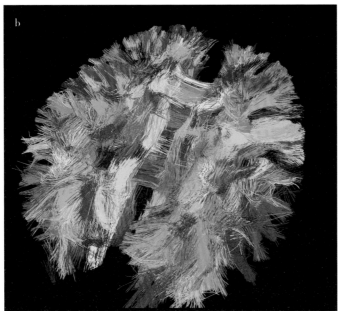

图 3.7 洞见处于活跃状态的神经元和脑

a. 人工培养的大鼠神经元在表达一种荧光蛋白；b. 通过磁共振成像再现脑部连接的主要纤维束，该技术有助于研究活跃大脑中的白质纤维，从而实现对不同疾病如多发性硬化、精神分裂症、意识障碍的病理诊断。

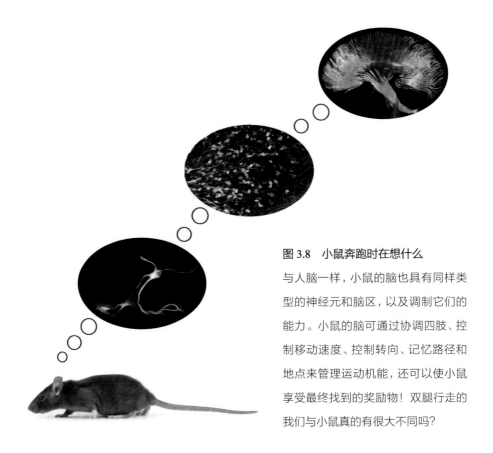

图 3.8　小鼠奔跑时在想什么

与人脑一样，小鼠的脑也具有同样类型的神经元和脑区，以及调制它们的能力。小鼠的脑可通过协调四肢、控制移动速度、控制转向、记忆路径和地点来管理运动机能，还可以使小鼠享受最终找到的奖励物！双腿行走的我们与小鼠真的有很大不同吗？

脑：令人挑战，令人惊奇

　　1970 年代，生物学家莱尔·华特森（Lyall Watson）以带着点儿怀疑论的语调写道："如果脑简单到足以让我们理解它，那么我们应该头脑简单到无法理解。"（Watson，1979）

　　随着近 20 年来的技术进步，研究人员取得了不少非凡进展。那些在如今各学科（电生理学、影像学、行为学、数学建模等）交叉的环境下涌现的进展，对需要进一步阐明脑复杂性的学者而言有着巨大的吸引力（Prochiantz，2012）。

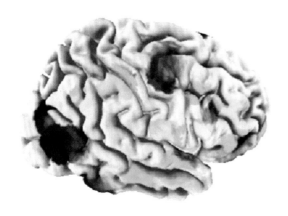

图 3.9 得闲时人脑在干什么

借助神经成像技术，我们可以明确有点特殊的静息网络（或说"默认网络"，图中蓝色部分）：一个人在不做任何事情的时候，该网络处于活跃状态；当人执行认知任务时，该网络停止运作，同时与专注力相关的网络被激活（图中红色部分）。

事实上，该静息网络表明，在静息状态，大脑会有一些自我导向的自发心理活动（内省）、对过去记忆的回忆或者对未来的规划（自传体记忆）、心理表象或内化语言（头脑中的小声音），所有这一切最终构成了心理上的"徘徊"。因此，一直处于活跃状态的大脑会以适应性的方式，在内省的默认网络和处理外界环境的注意力网络之间切换。

是真是假？对于脑的一些成见

1. 脑中只有神经元？假。脑中的神经胶质细胞数量是神经元数量的 10 倍之多。神经胶质细胞为神经元提供必要的能量并"打扫"脑，但它们的确切功能还有待阐明。

2. 我们只使用了大脑潜能的 10%—20%？假。这是一个滋养了众多科幻影片的"神话"。借助脑成像技术，人们发现并不存在休眠或未被使用的脑区。事实上，大脑一直在运作，即便当人体休息或睡眠时依然如此（图 3.9）。虽然脑在人体总质量中只占 2%，却消耗 20% 的能量。如果大脑有 90% 未被使用，那么它消耗如此多的能量就非常令人吃惊了，毕竟这些能量对保持其他器官的机能而言也很宝贵。此外，倘若情况确是如此，那么"非活动性"脑区的病变就应该不会损害脑的机能，然而事实恰恰相反，任何一个脑区病变都会导致失能。

3. 成人的脑不再产生新神经元？假。即使是成年人，仍有一些脑区可以产生新神经元，该现象叫作"神经发生"。该机制在维持成人大脑的可塑性方面发挥着重要作用。

4. 人在睡眠中学习？假。清醒状态下学习时被记录的神经元活动，于睡眠期间依然存在。在睡眠过程中，人脑不是在学习，而是在巩固自身经验。

5. 人有第二个脑？真。一项惊人的发现证实，我们的肠壁上分布有5亿个神经元（约是脑中神经元数量的两百分之一）。它们的主要功能是消化。倘若人类的第一个脑持续忙碌于消化，那么我们还会发展出认知功能吗？

3 单个小细胞如何形成一个有机体

包括脑在内的所有复杂器官都产生于区区一个细胞！从单一的细胞到成形的有机体，这其中究竟发生了什么？

构建有机体不同于建房

周日的夜晚，22点30分，在某大城市的一节地铁车厢内，一名年轻男子坐在折叠式加座上，面带微笑。在他手中，一支红玫瑰引人注目。在他腿上，一只小猫慵懒地躺着，看上去还很笨拙，两只大眼睛占据了大半张脸。三个月前，这名年轻人和今天没有什么不同，但玫瑰和小猫还只是若干微不足道的小细胞。理解这几个细胞如何转变成玫瑰和小猫这般精美的生命，便是形态发生学的研究目标：研究生命形态的发生。

所有生命都是由细胞形成的，细胞常被视作"生命之砖"。然而，有机体与房屋的构造截然不同。细胞堪称奇妙的"砖块"，它们根据自身"领导"的指令移动，并且相互交流从而实现自组织。更神奇的是，细胞可以增殖，并自行调整其形状和功能以完成各项任务！在胚胎"工地"上，无需任何建筑师、工人或施工机械，甚至无需"进口"新的砖块、门或窗。不同于我们生活的建筑，生命结构是动态的，且在不断演变。在我们体内，每分钟有近4000万细胞死亡；人体表皮每个月都会全部更新，肠道上皮则每隔7天便焕然一新。还有树木，树叶每年春天都会更新。在胚胎形成的动态中，活力满满的成年状态也初见端倪。发育永无止境！研究人员逐渐发现了名副其实的"细胞社会"机能：动物或植物的形态发生是一个细胞自组织的过程，在这个过程里，细胞根据过往经历的"家族史"中各种事件以及与相邻细胞的交流，会生长、分裂、移动或死亡。这一细胞之间持续交流的编排最终产生具有数亿个细胞的有机体，其数百种细胞中的每一种都被赋予了一项确切功能！

如何破译如此复杂的系统？我们已知晓，遗传密码给予细胞一系列指令，但要理解这一系列指令如何具体控制每个细胞的行为，首先要能以动态的方式观察细胞。

在一种"异域"生物维多利亚多管发光水母（*Aequorea victoria*）体内被发现的绿色荧光蛋白（GFP），于过去20年里革新了人们观察细胞的方式（图3.10）。通过将GFP与人们希望研究的蛋白质融合，可以追踪个体发育过程中该蛋白质在细胞里的位置——由于该发现，日本科学家下村修和美国科学家马丁·沙尔菲（Martin Chalfie）、钱永健2008年被授予诺贝尔化学奖。由此，细胞内部行为的动力与动态首次被全面揭开。受此类惊人发现刺激，显微镜技术迅速发展，使得人们可以看到越来越多的细节——例如超分辨率荧光显微技术，埃里克·贝齐格（Eric Betzig）、斯特凡·赫尔（Stefan Hell）、威廉姆·莫尔纳尔（William Moerner）因在该领域的成就于2014年被授予诺贝尔化学奖。如今，我们能以数年前还无法想象的精度获取众多定量资料，这颠覆了原有的确定性并开辟了全新的研究领域。此外，现今还具备一些名称神秘的仪器，如"光镊""原子力显微镜"，有了这些工具，人们可以测定以前无法企及的细胞

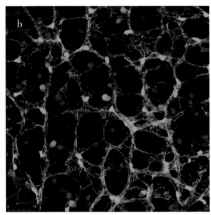

图 3.10　利用水母的一个基因研究蛋白质在细胞中的定位

图 a 为生活在北美洲西海岸的维多利亚多管发光水母,因拥有绿色荧光蛋白(GFP)而实现了生物发光。研究人员结合编码 GFP 的基因与编码其他蛋白质的基因,生成了若干"转基因",后者编码的与 GFP 融合的蛋白质能发出荧光,由此我们可以看到这些蛋白质,例如图 b 所示的成年小鼠的视网膜内部情形:编码与 GFP 融合的 S100 钙结合蛋白 B(S100B)的"转基因"正在表达发出绿色荧光的 S100B,这种钙结合蛋白与包裹血管的"大胶质细胞"网络有关。我们还可以看到少许大型神经结的神经元(也呈绿色),以及正在表达另一种钙结合蛋白(红色部分)的下层神经元。

物理特性。物理学、数学和计算机科学都加入了生命研究的行列,并且为生命科学带来了别样的研究方法,下文的三个例子便是很好的说明。

植物也懂数学吗

只需看看松果、向日葵或某些仙人掌,你就会被植物株型中无处不在的螺线所震撼。而且它们并非任意螺线!那些螺线与中世纪建筑标准"黄金分割"直接相关(图 3.11)。两个多世纪以来,此类几何排列不仅吸引了植物学家,还吸引了物理学家、数学家和计算机科学家,结构的规则性之下或许隐藏着简单的原则。随后的发现表明,这正是一个优雅而简单的机制。

在一株植物中,每隔一段时间便会有器官(花、枝、叶等)形成于一节持

图 3.11　黄金分割和植物株型：惊人的螺线和数学特性

呈螺线形排列的器官在植物中很常见：左上图的向日葵、右上图的宝塔菜花、下图的松球。如果统计下图松球左旋螺线（下图中间）和右旋螺线（下图右侧）的数量，我们会发现这两个数量（8 和 13）属于著名的斐波那契序列。在该数列中，从第三个数开始的每个数都是前两个数之和：1、1、2、3、5、8、13、21、34……我们可以证明，该数学特性是基于茎端器官形成规则自发形成的。

续生长的茎的末端，该末端被称作"顶端"（茎的顶端可称"茎端"）。一旦器官形成，顶端便不断朝天生长，把茎上的年轻器官留在身后。科学家设想了一个数学模型并通过实验进行测试，其结果暗示，顶端的新生器官会阻碍紧邻区域产生新器官。但该抑制机制的性质神秘莫测，是涉及某种物理障碍物，还是关乎某种化学信号或电信号，一直不可知。

　　直到最近 10 年，随着水母荧光蛋白成像技术的进步以及新数学模型的产生，法国、英国和瑞士的团队才通过研究"杂草"拟南芥发现了这一古老谜题的答案（Besnard et al., 2014）。形成于茎端的年轻器官（叶、花）需要为自身大量吸引一种名为生长素的激素。为了再次拥有足够的激素催生新器官,茎必须充分生长,直至顶端摆脱最后产生的器官的影响。器官以尽可能远离彼此的方式,一个接一个形成,最终使得叶子、花瓣或鳞片展现出我们能在植物的茎上观察到的漂亮螺线(图3.11)。根据这些实验建立的数学和数字模型可用于解释,遵循一些简单的规则何以能产生复杂的结构。

细胞的不同"语言"

细胞远非孤立、自主的角色,它们会相互交流,并且动植物的形态和功能正是从细胞的集体行为中产生的。一个细胞接收到的分子信号表明了该细胞在机体内部的位置,并且决定着其最终命运,例如成为神经元、皮肤细胞或肌细胞。令人惊讶的是,考虑到生物的复杂性,此类信号的数量过于有限了,最多也就数百个。仅靠它们足以组建生命吗?

正如人与人之间可通过拍打或抚摸等动作传递心意,细胞也可以阅读并解释来自相邻细胞的机械应力,从而改变自己的行为或是影响其基因激活。例如,一些在凝胶中培养的动物细胞会根据凝胶的机械刚度来选择不同的命运(图3.12):它们在软凝胶中成为脑细胞,在硬凝胶中成为骨细胞,在中等刚度的凝胶中则成为肌细胞。通过重新研究植物顶端、苍蝇及蠕虫的胚胎,包括法国团队在内的多个研究小组最终证实,细胞之间作用力和化学信号的合作对于生物整体的发育十分重要。当细胞受到外力时,它们会重组其细胞骨架,以更好应对这些作用力、改变形态或确定下一次分裂方向(图3.12)。如今我们对这些不同细胞语言的认识甚至精确到足以结合化学信号和机械刺激,对细胞重新编程,使得它们可以自组织成"微器官"。

随着测量精度的提高,我们发现了一些预料之外的现象。例如,当发育中的组织细胞改变形态时,其变形速率并非恒定;它们的收缩期和舒张期、生长期和静止期交替出现。目前我们并不理解为何会如此!这是一种简单的进化遗传吗?还是协调相邻细胞行为的一种方式?抑或是为了减少对组织的整体

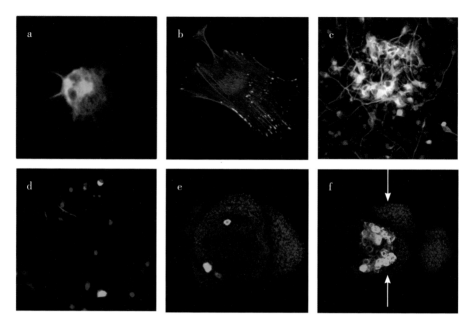

图 3.12　细胞的力学语言

当位于软基质上时，动物细胞会团成球状（a）；如基质坚硬，它们会散开（b）；在适宜的培养环境中，干细胞会在软基质中以分化为脑细胞（c）的形式增殖；若基质坚硬，干细胞不会分裂（d）。拟南芥茎端细胞（e）拥有一种基因（被水母绿色荧光蛋白标记），该基因受外力作用（以箭头表示）被激活（f）。

作用力，以免撕裂组织？

细胞为了群体利益而自杀？

　　在考虑有机体的构建时，我们往往会想到细胞的分裂和生长，由此实现器官的成长。然而胚胎细胞也会死亡，并且这对某些器官的塑造十分关键。例如我们的手最初发育成扁平的巴掌，后来由于指间细胞退化而产生了手指（图 3.13）。此番细胞死亡是"程序性的"，相应程序是自杀细胞应答邻近细胞发出的某个信号时激活的。这种细胞自杀机制是进化史的遗产之一。鸭子的蹼足以及蝙蝠的翅膀正是由于该机制而形成的。在具蹼足的动物体内，诱导

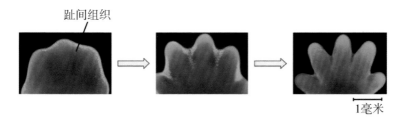

趾间组织

1毫米

图 3.13 细胞死亡如何塑造器官

这些照片展示了小鼠胚胎前肢的三个连续发育阶段。触发程序性死亡（或说凋亡）过程的细胞被一种叫作吖啶橙的染料标记，在图中呈现为橙黄色的点。发育 12.5 天之后（左侧照片），小鼠足部形成了脚掌，其边缘有一些细胞已触发凋亡程序。13.5 天之后（中间照片），脚掌变大，在未来的趾间隙区域有众多细胞凋亡。14.5 天之后（右侧照片），该程序性细胞死亡使得趾间的"蹼"消失，从而"雕刻"出脚趾。接下来只需等待脚逐渐长大（Wood et al.）。

细胞死亡的信号大为减弱，因而它们的趾间留有部分皮肤。程序性细胞死亡在形态发生中的作用并不局限于指（趾），甚至不局限于脊椎动物。图卢兹一间实验室（Monier et al., 2015）曾指出，昆虫足关节的形成是自杀细胞对邻近细胞施加牵引力的结果。

控制这种程序性细胞死亡过程的蛋白质存在于大多数动物体内，并且它们的作用如今已被人们充分理解，这要归功于科学家对秀丽隐杆线虫的研究成果（该领域的三位先驱于 2002 年被授予诺贝尔奖）。谁曾想到，研究一种微小的线虫，竟然能够解释人的手、苍蝇的脚是如何形成的？

胚胎发育：从揭秘到建模

有机体的构建是一系列细胞编排的结果，如今我们已能实现该过程的可视化。随着显微镜技术的非凡进步，我们不仅可以揭示形态发生过程的时间动态和空间动态，还能一窥甚少探索的细胞世界与往往很惊人的细胞行为。借助物理学、应用数学和计算机科学，我们能依稀看到细胞尺度甚至细胞组分尺度的过程如何解释整个组织的形成。

最后，在令人困惑的生命复杂性的背后，我们往往会发现一些有着意外简单性和迷人美感的机制，它们在截然不同的生物中被重复利用，以达成不同的目的。尽管我们对理解基因组这一细胞中的指令表如何产生各种细胞行为还有很长的路要走，但破译细胞语言的工作正在顺利进行，一些不起眼的小动物的胚胎或一棵杂草的嫩芽都很可能在其中起到重要作用。

4 动物社群是如何组织的

细胞通过交流与自组织以形成有机体，这整个过程实际上并没有动用什么蓝图。那么动物社群中的个体是如何行动的，例如，对于怎么筑巢，它们有规划吗？

每年 11 月至次年 2 月，暮色降临时刻，欧洲南部一些大城市的天空中都会上演一幕迷人的景象。成千上万的椋鸟盘旋于天空，它们以不同的阵型呈现出一组组令人惊叹的空中舞蹈，随后才会选择一处栖息地过夜。然而，并没有人引导这些鸟群。它们的集体行动是如此协调统一，以至于有科学家认为，可以从这些现象中揭示个体之间存在某种形式的心灵感应。

其他生物也发展出相当复杂的集体生活形式。一些"社会性"昆虫，如蚂蚁、白蚁，以及一些蜜蜂和胡蜂，其群体也表现得如同一个整体，甚至如同一个个体，或说一种"超个体"——就好像这些社会内部存在一种力量，可以组织成千上万个体的活动。诗人莫里斯·梅特林克（Maurice Maeterlinck）将该神秘力量称为"蜂巢精神"。

30 多年来，科学家一直努力揭开这些集体现象的神秘面纱，这有助于他们了解生命系统的一个惊人特性：基于其组分之间交互作用的自组织能力。关于此类交互的破译，是动物行为学家、物理学家和计算机科学家合作的成果。这不仅需要可自动跟踪群体中每个个体的技术，还得开发全新的行为分析方法以及针对群体成员间交互的数学建模。通过这些研究，我们现在对一些动物群体——其中个别群体的认知能力还很初级——协调出行、搭建复杂无比的巢穴、集体解决众多困难的机制有了更多了解。

没有总体规划，如何筑巢

筑巢这个听上去就让人头疼的难题，却是社会性昆虫每日都需要面对的。人们观察白蚁的蚁巢时，往往会对其尺寸及建筑构造的复杂性感到惊讶（图3.14）。大白蚁（一类栽培真菌的白蚁）的蚁巢可达六七米高，比筑巢工蚁大数百倍。这些巢穴的内部结构巧夺天工，例如其内部通道呈网状分布，用于通风和调节巢穴温度。一些其他种类的白蚁甚至将建筑的精美推向极致。例如尖白蚁，其巢穴从外部看就像是一件小陶器。巢穴外表面满是规则分布的"滴水兽"，连通着巢穴内的一条条环形蚁道。此类结构可以调节巢穴内氧气和二氧化碳的含量。最令人惊奇的是巢穴内部结构：通过螺旋形匝道相连的若干大房间以规则的间距叠合，而如此结构竟是由体长不足一毫米的全盲昆虫建成的。

图 3.14 "大教堂式"蚁巢

图为好斗大白蚁（*Macrotermes bellicosus*）的蚁巢，摄于科特迪瓦的热带稀树草原。

集体建造这样的建筑，需要对所有昆虫的筑巢活动进行密切协调，这一协调通过"共识主动性"（stigmergy，出自希腊语转写的 stigma 和 ergon，可分别理解为"示意"和"行动"）交互方式而实现。该机制是 1950 年代末由皮埃尔 – 保罗·格拉赛（Pierre-Paul Grassé）[*] 发现的，它使得昆虫可借助已创建的结构来间接协调个体行为。简略地说，昆虫移动时会在地面留下痕迹，例如沿着其所建结构留下踪迹信息素，这类化学物质构成的刺激随后可引发群体中其他昆虫的不同行为。而这些其他昆虫的活动又会改变最初引发它们自身行为的刺激，从而形成新的刺激。这些反馈环路是实现昆虫活动协调的根源，并给人一种昆虫群体遵循预定规划的错觉。

此类协调机制已经被几支法国团队破解（Khuong et al., 2016），研究人员通过在电脑上建模并模拟黑毛蚁（*Lasius niger*）的筑巢过程，揭示了这一现象（图 3.15）。

这种小型蚂蚁的蚁巢由两个部分组成：一部分位于地下，由一间间陷入土壤的蚁室组成，它们相互间通过蚁道网络相连；另一部分是土制圆顶，其内部结构由大量紧密相连的泡状房间构成。黑毛蚁与其建筑的结构存在两种主要的交互形式，有助于它们协调自己的活动。黑毛蚁会优先将筑巢材料放置在已堆有建筑材料的地方。产生"正反馈"（"雪球"效应）的这一行为是黑毛蚁在建筑材料上留下的信息素诱导的。黏土颗粒在相同地点堆积就会形成支柱。当支柱的高度达到黑毛蚁的平均体长，便会出现第二种反馈形式。工蚁们会建造柱体侧向延伸的部分，随后形成球状的"柱头"。黑毛蚁们以自己的身体为样板来确定，在什么高度停止垂直方向建筑并开始在支柱两侧堆放土壤颗粒。待所有柱头融合，房间的建造便完成了，随后在其上方，新的支柱被竖起，从而组成新一层的建筑结构。

这其中最令人拍案叫绝的是，蚁巢结构不断重塑。虽然蚁巢的整体形状

---

[*] 格拉赛（1895—1985）是法国著名动物学家，专业研究白蚁。

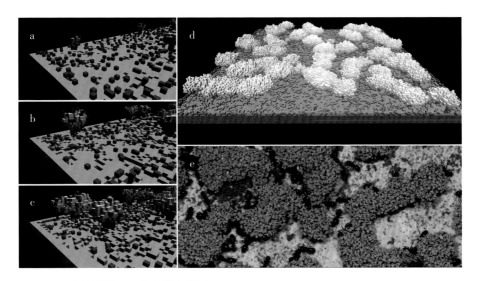

图 3.15　通过计算机呈现的蚁巢建造过程

通过对昆虫间交互作用建模,研究人员得以理解它们如何协调集体行为并共同建造一些复杂的结构。a、b、c: 在计算机上模拟的黑毛蚁筑巢模型显示,基于一些拿取、放置土壤团粒的简单规则,黑毛蚁(红色方块)会通过与它们所建结构——间距规整的支柱和墙体——交互而自组织。d、e: 模型表明,被黑毛蚁用于协调其活动的"共识主动性"交互作用,可忠实复制建造动态和建筑形式。

长期保持不变,但是工蚁会不断摧毁巢穴的某些部分以重建新的结构。通过此番永无止境的工作,黑毛蚁能持续根据种群规模、环境条件调整蚁巢的结构。最后,黑毛蚁在建筑材料上留下的信息素对蚁巢的发展和形状起着关键作用。事实上,信息素留存时长很大程度上受温度和湿度影响。若信息素很快蒸发,黑毛蚁建造的支柱总数会大幅下降,柱头也会变得扁平,形成披檐。正是因为该机制,当温度上升时,黑毛蚁能建造更适合自己的庇护所,且在保持个体行为不变的前提下,根据环境条件的变化来改变蚁巢的形状。

没有领导者,如何协调团体的移动

　　如上所述,社会性昆虫能通过"共识主动性"交互方式协调(即间接协调)

各自的行为，而许多群居型脊椎动物（如鱼、椋鸟、绵羊）个体间交互形式更为直接。此类动物可通过视觉发现紧邻个体的存在，并且随之采取相应行为，而这些行为在整个群体层面产生了极为复杂的动态形式（图 3.16）。要想明确此类交互作用并理解它们赋予群体的特性，还得紧密结合实验和建模。在第一阶段，先详细分析被孤立的单个个体的行为和反应，然后密切观察它遭遇障碍时的行为和反应；第二阶段，对仅由两个个体组成的群体进行研究，由此可以鉴定个体之间为了协调各自的移动而交换的信息，并描述这些信息与行为反应之间的关系；在最后一个阶段，对个体数量逐渐增多的群体进行研究，以分析邻近个体对个体移动的影响。

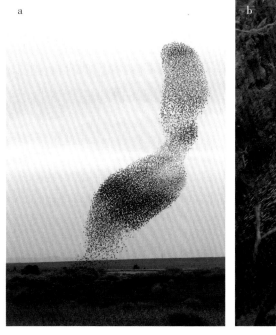

图 3.16　椋鸟群（a）和鱼群（b）

在一群鸟或一群鱼中，成千上万的个体能够协调各自的运动并组成紧凑的队形，以免在探索环境时受捕食者侵袭。

通过该方法，法国研究团队测定了生活于印度洋的花尾汤鲤（*Kuhlia mugil*）群体中"社会力量"的确切形式。实际上，有两种力量——"长距离吸引"和"短距离比对"，支配着这种群居型大洋鱼类的游泳协调。这些交互作用也决定了集体移动的形式：提升游泳速度会改变群体移动模式。当鱼群缓慢移动时，鱼群会保持聚集，但是游动的极化程度很低即鱼儿们并非都朝同一方向游动。鱼群的集体行为有点类似蚊蝇群的集体行为。相对地，当鱼儿们快速游动，整个鱼群会自发地采用一个共同的移动方向，但这也可能形成某种涡旋结构，令鱼群围绕着一个空旷的空间旋转。即时采取一种特定移动方式的能力使鱼群具备极强的反应水平，并且在遭遇捕食者袭击时可作出多种集体反应。

集体智能现象中的自组织

动物群体和社会集体行为的复杂性很大程度上源于个体之间的交互作用。这些交互使得群体可以产生超出每个个体自身能力的集体反应。正是由于此类交互及其引发的自组织过程，这些社会中才涌现出集体智能。关于使得此类集体特性涌现的交互形式种类以及形式的演变，还有很多问题悬而未决。但现有研究已经表明，此类自组织过程在创造复杂性的同时，实现了非常经济的编码机制，而正是这些机制在个体层面决定了集体特性的涌现。

总结

综上，生命由众多长期交互的元素组成，且直到如今我们才终于能够感知并研究这一保持运动的整体。随着实验的进步和数学建模的发展，我们可以鉴定并追踪数百万分子，我们可以更好地破解一个细胞接收的用于摧毁另一细胞的信号，我们得以发现一些可产生壮观几何图形的简单规则，我们得以确定记忆或者休息所调动的脑区，我们得以揭示集体特性根植于每个个体根据近邻行为来调整自身行为的基础。所有这些进展都令我们深为触动，毕竟我们自身作为生命系统，与每一项新发现都息息相关。实验室中发生的事情并不是远离我们日常的，而是研究人员对发生在自己身上和自己周围的事情愈加细致的研究和理解。

我们所描述的事例让我们可以于复杂性的迷雾之中瞥见一些特性，其轮廓正在愈发清晰地显现。因此，21 世纪将是一个探索复杂交互作用及其动力学特性的世纪。是否有可能，认识的关键便在于此？例如，鉴定出的相关元素仅仅是某座冰山的一角，而这些元素的交互作用，是一个尚待探索的完整宇宙？那么，该如何在保持运动的芸芸众生里，于普遍动荡中辨别出相关规则？这便是科学家现今应当面对的重大挑战，并且他们很可能需要在多个方面取得进展。

因为，无论如何，对复杂生物系统的探索依然处于起步阶段。科学家仍鲜有实例能够说明，一个令人感兴趣的生物现象是如何通过集体特性的涌现、交互作用的改变或调节，抑或某一横跨多个空间尺度或时间尺度的效应而产生的。如今看来，生物学很可能变成一门形式科学，所有描述都需要基于数学模型的定量估算。然而，没人知道生物系统中隐藏着多少或简单或复杂的规则。每发现一条新的规则都将提升人类的科学成熟度，并为人类带来现今还无法预料的财富，使我们能走得更远。

4 生命与环境

图 4.0　受海葵庇护的虾

这张照片拍摄于罗斯科夫海滨（法国菲尼斯泰尔省），其中学名为 *Periclimenes sagittifer* 的岩虾生活在绿迎风海葵（*Anemonia viridis*）的庇护之下。两者的关系属于偏利共生，虾通过生活在海葵的触手中获得食物和保护。

每一个生命都由其基因潜能定义，而基因的表达取决于周围的物理和化学环境，或说"非生物环境"，其中有众多因素会影响生命表达的性状：土壤组分影响植物生长，光照时长影响花期，环境温度控制微生物的生长速度，季节影响动物的活动，等等。

每个物种的生命都适应一组既定的环境条件，也就是说，其生理和发育能够与这一系列条件相匹配。这是生命固有的一种特性，即可塑性，使得生命基于单一的基因潜能便可根据环境表达诸多表型。例如，植物可根据环境调整其形态和器官数量。

此外，没有生命是自给自足的。所有生命都通过与其他生命的复杂交互作用生存、进化、适应和死亡，这便是所谓的"生物环境"。有些交换必不可少：病毒只有处于宿主细胞内才具活性；地衣由两种生物组成，一种是真菌，另一种是藻类或细菌，两者紧密相连，相互依存；如细菌般简单的生物也成群生活，它们相互交流以控制自己的增殖，由此确保整个种群拥有最优存活率。

多细胞生物——无论是由一群相似细胞组成的简单生命，还是由各司其职以确保整个有机体机能的不同功能细胞组成的复杂生命——的情况则更受约束。在此种生命模式下，细胞的个体利益（生存、生长、增殖……）须服从整个有机体的共同利益。要想享受个体（此处指细胞）之间相互合作带来的好处，这是必须付出的代价——集体合作产生的功能远超群体中每个成员能力的总和，由此创造了抽象思维、意识或艺术等奇迹。

1 理化环境（非生物环境）对生命的影响

生命可以适应一切吗

谈到生活在地球上的植物、动物和微生物，我们会想象它们必然是在与生命相适应的条件下进化着，如同大多数陆地和海洋生态系统：温度介于10—40℃，pH在7左右（即近乎中性），气压为一个大气压，有水源，低水平电离辐射，等等。

极端环境的特点是环境条件参数处于允许生命得以维生和发育的临界值，它们存在于陆地、海洋、极地或地下深处。与大众的直觉相反的是，极端环境其实在我们的星球上分布广泛，就比例而言，它们在地球生物圈（尤其是洋底和极地）中占比最大。在这些以原核微生物（细菌和古菌）为主的极端环境中，一些生物的生理和能量潜能都处于极限状态，另一些生物则具备高度适应的遗传特征，并且依赖此类条件维生。以"正常"环境概念为参照，人们把此类生物称作"嗜极生物"。在采用这种以人类为中心的观点时，我们不应忘记，这些现在看来如此恶劣的环境，在地球上出现最初的生命形态时却是主流的宜居环境。如今，极端环境中依然生活着丰富的微生物群落。根据环境中主要理化参数的性质，我们可将嗜极生物细分为不同类别：最适温度≥80℃的超嗜热生物，如烟栖火叶菌（*Pyrolobus fumarii*），这种古菌保持着高温生活纪录，其最适温度为 106 ℃，最高生长温度为 113 ℃，在 121 ℃的高压灭菌器内能存活 1 小时；最适温度≤15 ℃的嗜冷微生物，如可在 −5 ℃低温中生长的快生嗜冷杆菌（*Psychrobacter fulvigenes*）；最适 pH≤3 的嗜酸微生物，如大岛氏嗜酸菌（*Picrophilus oshimae*），该古菌被证实在 pH=0.7 时达到最佳生长状态；最佳 pH≥9 的嗜碱微生物，如假坚强芽孢杆菌（*Bacillus pseudofirmus*）[*]，可在 pH 为 11 的环境中生长；嗜盐生物，这类嗜极生物中有部分微生物，如盐沼盐杆菌（*Halobacterium salinarum*），可生活于氯化钠浓度为 32%（近乎饱和）的溶液里；嗜压微生物，如亚氏火球菌（*Pyrococcus yayanosii*），这种古菌保持着 1.5 亿帕流体静压下的生存纪录，该压强相当于 1500 个标准大气压。

之前的数十年，人们都是在热带荒漠或者山区生态系统研究极端条件下的生命。如今，研究范围扩展到更为极端的、人们根本没有想过会发现生命的环境中。1970 年代末，位于洋中脊的热液源被发现（图 4.1），临近 1980 年代

---

　　* 该物种于 2020 年被划入 *Alkalihalobacillus*（可译为"嗜盐碱芽孢杆菌属"）。——译者

末，人们开始认识到洋底生态系统的范围之大及其生物多样性之高，而直到上个十年，人们才在沃斯托克湖中发现生命迹象。这片淡水湖是南极洲最大的冰下湖，其湖面低于冰面将近 4000 米，环境特征是低温（−3 ℃）、高压（约 360 个标准大气压）、无光且有大量溶解气体（高氧环境）。然而，那里依然有生命！

　　研究极端环境的生物多样性有多重意义。许多此类环境的主要理化条件与一些行星的条件相似，由此引人想象：地外生命是可能存在的。南极洲、冰

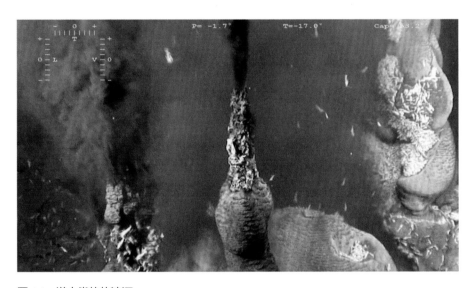

图 4.1　洋中脊的热液源

被法国人称作 des Ruches（蜂巢）的热液源区布满了球形的"散流器"结构，"烟囱"之类的圆柱形结构则相对少见。烟囱壁上栖息着一种名为 *Rimicaris exoculata* 的盲虾。大量黑色流体从多个管道被排出：这些从烟囱里喷涌而出的热液流体的温度可达 350 ℃，其 pH 为 3.8。在高压（2480 万—3420 万帕）作用下，水保持液态。流体中富含气体（硫化氢、二氧化碳、甲烷、氢气、氮气）和矿物质（铁、二氧化硅、锂、钙、锰），随着与含氧的低温海水接触，其中一些组分会沉淀，从而形成烟囱并使得流体颜色呈黑色，"黑烟囱"一名便由此而来。该热液源在英语区被称作 Snake Pit（蛇穴），位于深度约为 3420 米的一处玄武岩地壳上（北纬 23°22′，西经 44°57′）。

岛、廷托河以及阿塔卡马沙漠的地表和地下生境与火星、土卫二有相似之处，人们在这些天体上也发现了冰川，并且冰川下存在海洋、湖泊以及热液源。对地球极端环境中生物群落的研究还可以提供一些重要信息，尤其能为太空探索任务提供用于寻找地外生命的生物征迹线索。

对此类生物多样性的探索也为生物技术的应用提供了可能性，例如对"极端酶"的运用，还有众多其他分子的工业应用。从超嗜热细菌水生栖热菌（*Thermus aquaticus*）中分离出的 *Taq* 酶及其基于微量样本的 DNA 扩增技术中的应用，彻底革新了分子生物学。又称"聚合酶链反应"（polymerase chain reaction，简称 PCR）的该技术，可于体外获得特定 DNA 序列的大量拷贝。这是经常被提及的极端酶的工业应用例子。但这只是其中一例，还有很多来自嗜极微生物的酶，如蛋白酶、淀粉酶、羧甲基纤维素酶、纤维素酶、木聚糖酶等，被工业界广泛应用于药品、食品的生产制造，以及纺织、皮革处理、造纸和废水处理。

"我们"的数量有多少

这个问题答案取决于"我们"的定义……

2016 年全球人口为 74 亿，而据预测，按照目前的增长速度，到 2100 年全球人口可达 112 亿。

每个人都是由约 3×10^{13} 个人体细胞（85% 为红细胞）和约 4×10^{13} 个微生物细胞构成。

每个人体细胞（红细胞除外）都有 2 米长的 DNA。若将一个人所有细胞的 DNA 相连，会形成一条 600 亿千米长的线，足以绕地球一百多万圈。

根据近期的估算结果，在土壤、水（主要为海洋）和空气中生存着约 10^{30} 个细菌和古菌。

据估计，以感染细菌的噬菌体为主的病毒共有 10^{31} 个。如果把所有病毒排成一条直线，其长度将达 2 亿光年，约 2×10^{15} 千米，相当于银河系直径的 2000 倍！

　　然而，在大肠埃希菌的分裂能力面前，10^{31} 这般令人眩晕的数字也显得微不足道了。被培养在营养丰富环境中的大肠埃希菌每 20 分钟便分裂一次。20 分钟后，两个子代细菌各自分裂，从而形成 4 个新的细菌，以此类推。由单单一个细菌到形成拥有 10^{80}（接近宇宙所有基本粒子总量，而该总量可能是物理实在最大的数）个个体的菌落需要多久？如果资源取之不尽、用之不竭，那么从单个细菌发展到该个体数的菌落，仅需不到 4 天半的时间！

　　嗜盐生物可适应高盐浓度，是具商业价值分子的重要来源之一。例如，源于古菌的菌视紫红质可应用于全息摄影、计算机科学以及光存储器。此类嗜盐微生物还是用作稳定剂和保护剂的天然分子的来源。一些生物聚合物（由生物大分子组成的聚合物）被用于采油。从嗜冷生物分离而来的"抗冻蛋白"可用于稳定食品和化妆品。从矿石中提取重金属（锌、铜、镍、钴）这一经济上非常重要的过程，近年来通过利用耐寒的嗜酸微生物而有所发展。其他嗜极微生物有的被用于一些遭污染环境的生物修复，还有的被用于生产替代能源，如氢能。

　　嗜极生物不仅仅是新型生物技术工艺发展的宝贵源泉，也是可用于研究生物分子在极端环境下如何保持稳定的理想模型。最后，对极端环境生命的研究还能提供关于最初生命形态以及最初生态系统的进化方式的宝贵信息。

"金枝浴镍"的适应

　　除了极少数特例，植物并不具备即时逃离不适合自己的环境或状况的能力（大多数植物只能通过种子让下一代"移动"，前提是可以撑到该阶段）。植

物的生长尤其受限于土壤的组分及湿度。原产自北美奇瓦瓦沙漠的鳞叶卷柏
绰号为"复活植物"，能以代谢停滞的状态承受数月甚至数年的完全脱水，而
在降雨后数小时内，该植物便可恢复生长。

　　部分土壤由于富含重金属而十分不利于植物生存，这些通常有毒的重金
属既有天然存在的，也有人为污染带来的。然而就在这样的土壤中，有一些获
得了特殊能力的物种依然能茁壮生长。以欧洲拟南芥（*Arabidopsis halleri*）为
例，该植物可耐受叶子中高浓度的锌和镉，而这对绝大多数其他种类的植物都
是有毒的。研究表明，该特性可部分归因于欧洲拟南芥编码重金属转运蛋白
的基因存在多个拷贝（Hanikenne et al., 2008）。由于重金属转运蛋白极其丰
富，植株得以更好地管理根部对锌的吸收以及随后将锌输出并储存于叶子的
过程，从而降低其毒性。

　　在新喀里多尼亚，富含镍和锰的土壤施加着一种选择压力，导致当地出
现了一系列耐受这些金属在自身组织中大量蓄积的物种。例如，山榄科灌木
Pycnandra acuminata 的树液有时呈蓝色（图4.2），因为其镍含量可高达植株干
重的 20%。

　　澳大利亚研究人员借助极其精细的 X 射线成像技术，在野生桉树的树叶
中发现了金微粒（Lintern et al., 2013；图4.3），再次证明植物能在富含重金属
的环境中生存。考虑到桉树根部吸收的这些金微粒原本埋藏于深度超过 35 米

图4.2　适应极为艰难的环境的植物

一些植物适应了极为艰难的环境，包
括重金属浓度极高的有毒土壤。通常，
重金属会蓄积在细胞区室中，其毒效
应由此得到遏制。图为新喀里多尼亚
的一株灌木，由于运送大量的镍，树液
变蓝了！

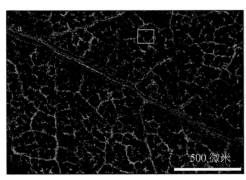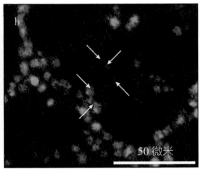

图a显示铜粒子（蓝色）和钙粒子（绿色）的大致分布，含量相对丰富。图b为图a框选区域的细节，该放大图表明，在铜粒子和钙粒子之中还存在被隔离的金颗粒（箭头所指的红点）。

图 4.3　借助同步加速器呈现的澳大利亚一处含金区的野生桉树树叶

的含金区，一个想法随之萌生：利用桉树作为天然探测器进行低成本地下勘探。用桉树勘探黄金？或许可以，不过很可惜，对真正的淘金者而言，桉树并无大用，因为其叶子中蓄积的黄金还是太少了，不足以吸引采矿者！

生命能跑赢气候变化吗

　　大多数动物和植物都深受气候因子（温度、降水）的影响，以至于它们的地理分布都有限。其实，一个既定地区相关环境因子的任何变化都会影响生活于此的物种。因此，我们会发现，随着世代更迭，物种会逐渐向气候因子更利于其发展的地区移动，北半球的物种主要朝北部迁移。事实上，并非当前世代的个体在移动，而是它们的后代占据的领地多少会远离上一代的生活区域。树木种群的移动是通过种子在适宜地点的短距离散布和萌发实现的。若气候发生变化，该地区不再有利于生存，种子萌发率下降，死亡率上升，那么当地种群数量会减少直至消失。相反，别处有利于生存的地区会有新的萌芽，由此种群分布会跟随气候轨迹出现整体迁移。

　　鉴于世代时间较长且种子散布距离短，树木的扩散十分缓慢，就像自然气候变化一样。然而，由于现今气候出现急剧变化，每个人的一生中都有可能观察到物种分布的变化。如果气候变化速度快于种群移动速度，以部分树木为例，某种群最终会被自己偏好的气候拉开距离，有些种群将全部生活于不宜居的区域，这可能导致其分布区大幅缩减，甚至存在物种灭绝的风险。这就是为何数学模型预测，南欧的水青冈将在数十年内消失。

由于全球变暖，从植物、昆虫、陆生脊椎动物到海洋无脊椎动物，众多物种的分布区都有所变动。不少动物物种的扩散速度要快于植物物种，然而当前环境变化速度还是太快了，甚至对流动性最强的物种来说亦是如此。一项新近研究表明，欧洲的气候条件以及生活于此的物种的栖息地，在过去的 20 年里平均向北移动了 249 千米。该研究在这 20 年间还追踪了 2130 个蝴蝶群落和 9490 个鸟类群落的分布区范围，前者向北移动了 114 千米，后者向北移动了 37 千米。即便如此，蝴蝶距离其理想气候仍"落后"200 多千米，鸟类则更甚。该研究不仅表明这两个物种无法追随对它们有利的气候，还凸显了两个物种之间逐渐拉开的地理差距。很多鸟类以昆虫为食，捕食者分布区和猎物分布区的远离可能干扰两者的动态关系，并增加这两个物种灭绝的风险。一些植物同样是许多昆虫赖以为生的存在，而植物种群移动速度更慢。因此，气候变化同时以直接形式和干扰种间关系的间接形式导致环境变化，从而构成了威胁。

细菌的"灵光一闪"

原核生物，即细菌和古菌，其特性便是拥有不同寻常的适应潜能。正是由于该潜能，此类微生物可以在地球所有生态系统中都占有一席之地，包括最不宜居的生态系统（见前文关于嗜极生物的介绍）。最重要的适应机制之一便是细胞间的 DNA 转移。凭借这种水平基因转移，即使是两个远缘的细菌也可以相互传递功能基因。获取新基因之后，细菌可变得焕然一新，例如，若新插入的基因可使细菌对抗生素产生抗性，那么它就能在抗生素环境中继续生长。随之而来的问题：外源基因如何在细菌中被内化？我们知道，热冲击、渗透压冲击或电击会在细菌细胞壁上开孔，DNA 可由此进入细胞。

　　里昂一些物理学和微生物学研究人员不禁思考：在自然环境中，雷暴期间闪电的电参量是否可以使细菌之间发生 DNA 转移。借助高电压发电机，研究人员对土壤样本释放若干次能量达 50 千焦的 100 万伏电脉冲以模拟真正的闪电，由此得出了无可辩驳的证据，证实细菌可通过这种方式实现基因的电转化（demaneche et al., 2001；图 4.4）。值得注意的是，在 4 立方米土壤中有不少于 10^{13}（100 000 亿）个细菌细胞会受中等强度闪电的影响，而地球上每秒钟都有数千次闪电照亮着某处天空。作为生命大爆发的必要推手，电转化在早期地

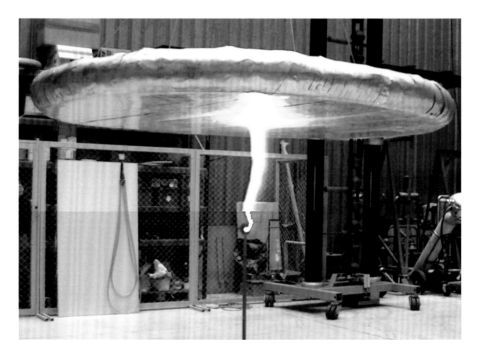

图 4.4　安培实验室

位于里昂的该实验室是法国唯一一家拥有高电压发电机的学术实验室，这种发电机可在受控条件下模拟云地间放电。该装置被用于证明，雷暴期间电流注入土壤会导致土壤中的细菌获得 DNA。因而，闪电促进了细菌之间的基因转移，这是此类微生物进化和适应的主要机制之一。

球不断遭受猛烈雷暴时必然起着某种关键作用,从而使细菌产生了适应各种环境条件所需的必备遗传多样性!

细菌也玩乐高积木

商品名为"林丹"(Lindane)的杀虫剂 γ-六氯环己烷曾被广泛用于农业,后来因其毒性大以及在环境中产生严重的持久性污染而被禁用。这种持久性,尤其是在土壤中的持久性,主要是因为在自然界中没有与该合成化合物相近的化学组分,它无法被土壤中的细菌降解。在数亿年的进化过程中,细菌从未遇到过此种"陌生"分子,因此没有发展出能降解该分子的代谢途径。然而,如今人们在一些被"林丹"严重污染的土壤中分离出了可降解该污染物的细菌菌株。这些细菌之所以具有该全新特性是因为它们发展出了初步脱氯能力,即降解有机氯化合物的能力。相关基因(linA 基因,在从不同污染环境中分离出来的所有菌株体内都高度相似)似乎并不是通过环境中另一细菌的水平基因转移获得的,因为无论是在其他细菌中还是在提取自土壤的 DNA 中,都没有检测出完整的该基因。生物信息学分析表明,该基因是新近才在这些菌株中组装起来的一种镶嵌基因,由若干 DNA 片段重组而成,相关 DNA 片段源自多种细菌都具有的编码其他类型酶的基因(Boubakri et al., 2006)。

林丹的降解是表明细菌适应潜能的特别事例之一。将一个新基因与一个明确的基因结构组装成独立的模块,证实了基因组的流动性以及水平转移的重要性——不仅仅是基因之间的水平转移,也包括更短的片段之间的水平转移。自然环境中的基因交换必须特别频繁,才有可能在短短数年内随机组装出不同来源的 DNA 片段。因此细菌的这一适应性反应极为新颖、迅速,且在其他已知生命领域中无与伦比。然而研究结果表明,linA 基因的这种组装方式并非最优。虽然细菌对剧变(污染)的初始反应极为迅速,但我们的微生物学知识以及更特别的基因组学知识告诉我们,自然选择还需要很长时间才能产生真正最优的林丹降解途径。

环境：非凡的生命建筑大师

新器官的形成是一个复杂且迷人的机制。动物的大部分器官形成于胚胎期：臂、腿、鼻子、耳朵，这些器官都是在胚胎早期形成的。有些动物，如昆虫，成年个体是幼体通过一些同样复杂的发育机制完成变态后产生的。而植物具备一项不可否认的优势：它们整个一生都能产生新器官！不过，叶、根、花、茎、果实等器官在休眠于种子内部的植物胚中并不可见。

这些新器官是如何以及何时产生的？一切取决于环境！由于无法移动，植物只能安居于其萌芽之地。对植物而言，在合适的地点、合适的时间产生合适的器官是一个生死攸关的问题：绝不能在凛冬初至时开花，也不能在干旱期萌生新根！

很长时间内，以改良植物品种为己任的育种者都忽略了根这类隐藏于地下的器官。根不仅保障了植物对水的基本需求，也提供了作为所有生命基础组分的氮、磷、钾及其他矿物质。如今，根依据土壤特性调整胚后发育的独特能力已逐渐为人们所了解。该能力一方面基于若干极为精巧的分子机制，通过这些分子机制，根系可感知各种土壤理化因子；另一方面基于几种植物激素的多重作用，这些植物激素可以将感知到的外界信号整合至细胞内部。例如，人们在植物根部鉴定出生长素（一种植物激素）的振荡表达。达尔文曾预测此种激素的存在，它就像一个节拍器，决定着产生新根的节奏。在根系发育的交响乐中，决定新根生长位置和速度的生长素俨然就是交响乐的指挥（图4.5）。

一些生理学家将根尖的一个特定区域描述为植物的（神经）中枢，植物通过此部位感知环境，处理感知到的多种信息（水分可用性、温度、酸度、磷含量、机械应力等）并将它们整合以触发合适的生理适应性反应。大多数已知的动物蛋白质同样存在于植物细胞中，这些蛋白质不仅参与外界信号的感知及其细胞内信号转导，还参与部分基因的特异性激活。植物甚至拥有动物体内不存在的其他蛋白质，如"钙蛋白"（固定钙的蛋白质）。人们认为，由于不能移动且要应对环境的变化无常，植物获得了若干高度发达的能力，能随时精确

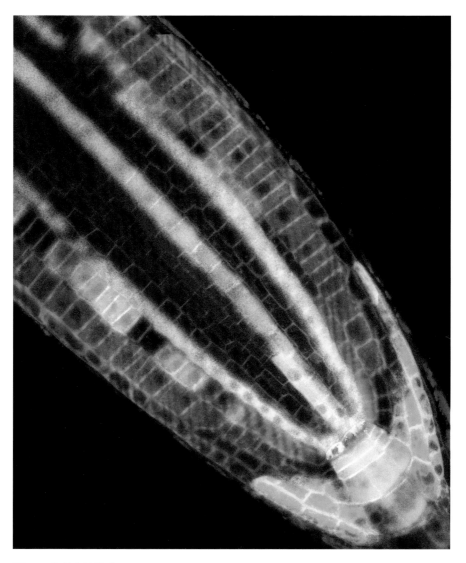

图 4.5 生长素的影响

在这张拟南芥根尖的共焦显微成像合成图中,根尖细胞的细胞壁被红色荧光染料标记。在生长素的影响下,根部各组织中不同颜色的荧光蛋白表达凸显了各个细胞谱系:侧根冠(品红色和绿色),柱状组织(青色),表皮(蓝色),皮层(品红色和绿色),内皮层(黄色),静止中心(橙色),原生韧皮部(蓝色),原生木质部(青色)。此类标志物被用于研究根系发育及根系对环境变化的响应。

识别环境的演变。随着研究人员发现电信号可在植物组织中传播，一些科学家创建了一个国际化的植物神经生物学学会。在该学会中，相关专家对一系列问题开展辩论：植物是否对疼痛有某种形式的敏感度？它们可以记忆或者预料一个状况吗？它们拥有什么特定形式的智力吗？尽管这些问题极具争议性，但都有一定的实验基础。抛却一些语义陷阱，此类问题的优点还是很显著的：为人们进一步了解植物行为开启了颇有吸引力的新研究之门。

父母没得选

生命个体的大部分性状都是通过基因遗传的，载体是构成基因的 DNA 序列。然而通过近 15 年的研究，人们越来越清楚地认识到，在很多情况下，有些性状的遗传修饰也可以是受环境因子诱导而发生的，这些修饰可在不改变 DNA 序列的情况下调整一些基因的活性。这就是所谓的"表观遗传修饰"，在上一章中已有所描述。在所有可引发此类表观遗传修饰的环境因子中，于细胞层面我们必须提到由相邻细胞释放的信号；于有机体层面，有来自其他器官的信号，例如为应对应激情境或强烈情感而产生的激素和生物化学信号。然而，此类修饰并非仅仅由有机体的"内环境"引发。"外环境"的干扰同样可以诱发此类效应，外环境包括饮食方式的改变、吸烟，或者更广泛而言：暴露于密切关联我们生活方式和生活场所的任何因子。表观遗传机制会给我们的一些基因打上"标记"，而这些"标记基因"在某种程度上可以说是我们生活方式的见证。临时的标记只会留下若干短暂存在的痕迹，这些痕迹并不会传递给后代。但也有一些标记是长久的，即使诱发标记的信号消失后也依然存在，并且可以被遗传。例如吸烟，孕期吸烟的母亲会在婴儿基因组特定位置留下表观遗传标记（Joubert et al., 2012）。内分泌干扰物亦是如此，如工业上用于制造聚碳酸酯塑料的双酚 A，又如广泛用于农业的杀真菌剂乙烯菌核利，两者都可导致表观遗传图谱发生变化，对大鼠等诸多脊椎动物的生殖系统造成波及多个世代的灾难性后果（Anway et al., 2006; Manikkam et al., 2013）。所幸，一些新近研究提出，导致某些基因激活失调的表观遗传修饰可被逆转。对啮齿动物开展的两个实验事例可以佐证这一点：在饮食中添加已知可引发表观遗传修饰的补充剂，如叶酸或维生素 B，抑或向环境受控的密集型鼠笼（可标准化控制感官环境）添加认知刺激、社会刺激和感官刺激，导致功能障碍的表观遗传修饰都可以得到纠正，并且还逆转了相关病理过程（Dolinoy et al., 2007；Gapp et al., 2016）。

在植物身上，人们也观察到一些类似现象。杨树无性系对环境胁迫的适应事例属实令人着迷（Raj et al., 2011）：这些无性系个体的基因相同，但它们分别在多少遭受干旱或是完全无旱情的地方生长了数年，因此面临各不相同的水分胁迫。令人意外的是，一旦被送至同样的环境，这些生活史截然不同的无性系个体会表现出不同的干旱适应能力。最适应干旱的是那些对干旱习以为常的个体。人们认为，水分胁迫诱导了 DNA 部分区域发生表观遗传修饰，这可能是造成适应能力有所差别的根本原因。伴随着如此观察结果应运而生的重大问题之一是，这些修饰有多少会遗传给下一代？

2 关于自我的概念及其限制

当自我转变为非我

遗传信息会有效地向下一代传递，这是达尔文进化论揭示的伟力。多细胞生命形态的出现是一个非凡事件：单个细胞的利益（存活、生长、增殖……）逐渐屈从于整个有机体的利益，从而涌现了远超所有细胞能力总和的新功能。因此，一个复杂的多细胞生物的细胞社会并不宽容：畸形或功能失调的细胞会被识别并被消除——往往是在接收到指示它们执行"程序性细胞死亡"的信号后自毁（Ameisen，2002；图 4.6）。

然而，就像在任何受严格的群居规则制约的社会中总有人反抗一样，偶尔也会有细胞挣脱机体强加的约束：在继续享受群居好处（养分和氧气充足、免

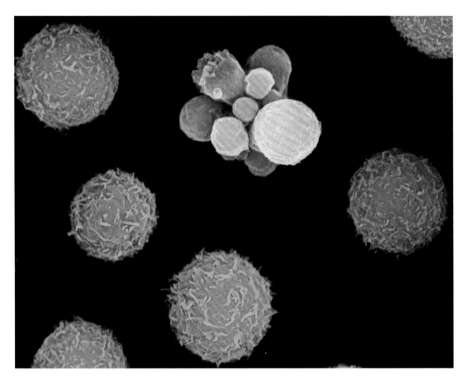

图 4.6　程序性细胞死亡

扫描电子显微镜拍下的这张染色显微图，呈现的是一组人体白细胞（蓝色），它们之中的一个白细胞（淡黄色）启动了程序性细胞死亡（也叫凋亡）可识别的特征是质膜出芽。

受外界环境侵袭）的同时，它们不再参与机体的和谐运作。其中一些"作弊"细胞会无序增殖，拒绝触发细胞死亡程序，甚至入侵通常由其他细胞占据的部位（图 4.7）。这些"反叛"的细胞是由于其 DNA 中差错积累——有些无法避免，有些则源于一些诱变物——而偶然产生的，正是这些叛徒细胞形成了肿瘤。

　　肿瘤是机体的一部分吗？本质上，肿瘤是机体的衍生物。研究人员已知晓，癌细胞在极少数情况下会变成感染原，从而在新宿主面前表现为非我。例如，由于面部肿瘤病流行，别称"塔斯马尼亚恶魔"的袋獾濒临灭绝，而这些面部癌症是通过袋獾打斗时造成的伤口传播的（Belov，2012）。双壳类动物砂海蜊（*Mya arenaria*）的白血病更为不同寻常：癌细胞在感染下一个宿主前可存

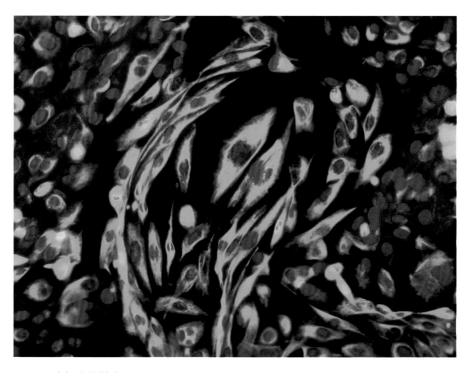

图 4.7　癌细胞的增殖

肿瘤细胞（绿色）获得了新特征（形状变长、具侵蚀性）并以无序的方式增殖。

活于海水中（Metzger et al., 2015）。然而，即便被限制在生物体内，肿瘤也会逐渐获得新的遗传特征，变成自我和非我的杂合体。因此，我们可以将肿瘤视作在生物体内发育的寄生物，而且它不一定能欺骗免疫系统，会遭到后者无情的进攻（Kroemer et al., 2015）。于是，那些旨在激活抗肿瘤免疫应答的干预措施成为一些新抗癌疗法的基础，具有广阔的前景。

　　癌细胞很难对付，因为它们在许多方面都与健康细胞颇为相似。如今看来，尽管相对人体细胞的总数而言癌细胞极为稀少，但癌细胞的突如其来似乎和长寿的多细胞生命形态密不可分。那么，抵抗癌症就毫无希望吗？并非如此，因为我们对细胞及其群落交互作用愈加细致的认知有助于揭示生命的机能，找到应对其功能障碍的方式。

当机体接受异己

癌症或慢性传染病的发展都源于免疫系统没能识别并击败应当被视作非我的元素。然而在某些情况下，非我保持"隐蔽"以免被消除意义重大：胎盘动物的胎儿便是此种情况。人类的远祖是卵生，而对于"仅有"1.5亿年历史的胎盘所代表的巨大进化飞跃，我们目前还只能推测，唯一确定的是，胎盘形成使得胚胎可以在母体内发育。

胎盘通过母体和胎儿的血液循环保障着胎儿的营养、呼吸、排泄和内分泌功能，它的免疫抑制功能同样至关重要：胎盘塑造了免疫耐受环境，保护着作为"非我"的胎儿，使其免受母体的免疫攻击。两支法国团队的研究成果为人们理解该非凡过程的进化机制开了先河（Blond et al., 2000；Dupressoir et al., 2012）。令人震惊的是，胎盘及其种种功能的存在都得归功于水平基因转移，这意味着我们的细胞拥有捕获和驯化外来基因（即非我基因）的能力。

由于水平基因转移，脊椎动物可以获得大量来自细菌、真菌或植物的基因，而这些外来基因的功能为了适应新的生物都有所改变（此种现象被称作"扩展适应"），例如为了适应鱼的发育，或者为了适应人类的免疫系统（Sun et al., 2015；Crisp et al., 2015；Chen et al., 2016）。

病毒在水平基因转移中起到很大作用，它们利用自身的感染能力传递自己的基因（Koonin & Wolf, 2012）。哺乳动物基因组约有 10% 由反转录病毒序列构成（Belshaw et al., 2004），这部分序列是在病毒反复感染过程中通过整合蓄积的。这些基因中的绝大多数都不再表达，也就意味着它们编码的蛋白质在新宿主中不具备功能。然而，有些所谓的 *Env* 基因原本是编码病毒包膜蛋白的，如今却通过在新宿主体内产生合胞素发挥着不同的功能，而合胞素是胎盘滋养层细胞的基础蛋白质。无论是对母体和胎儿之间的物质交换的效率，还是对母体面对体内生长的非我的免疫耐受，合胞素都至关重要。

研究人员发现，尽管合胞素现身于全部有胎盘类动物体内，但是人类、小鼠、兔、狗和有袋类动物的合胞素源于不同的反转录病毒。多种独立的反转录病毒感染通过水平基因转移产生了一系列扩展适应，而所有扩展适应都是为了同一个目标：适应子宫内胚胎发育。

因此，假如没有反转录病毒，我们或许还在产卵！

微生物区系对我们有益

诸如动物、植物的多细胞生物终生与海量微生物共存。这些集群的"共生"微生物形成了若干"微生物区系"。这些微生物群落主要由细菌和古菌组成，也包含病毒和非致病真菌。纵观历史，人类对微生物的看法总体偏负面。巴斯德学派的观点认为，微生物是众多疾病的罪魁祸首。从那时起，人们研究最多的便是感染原。幸运的是，感染原只占环境微生物的极小一部分。近20年来生命科学研究重大进展之一便是发现，与人类、动物和植物相关联的微生物区系大多数是其宿主的盟友而非敌手。

20世纪末，随着新的高通量测序技术实现技术突破，国际学术界尤其是法国研究团队得以进一步明确一些细菌种群的特征，而在此之前，人们对这些细菌了解甚少，并且因为难以在实验室培育它们，相关科学研究无从开展（Blottiere et al., 2013）。借助这些新技术，研究人员发现，人体内有数百种细菌，质量可达1—2千克（图4.8）。以一名体重为70千克的"参照"个体为例，其体细胞总数可达 3×10^{13} 个，其中近85%是红细胞。而根据一项新近理论研究（Sender et al., 2016）公布的估算结果，结肠中细菌数量高达 3.9×10^{13} 个，该器官是人体内微生物最丰富的部位，人体其他部位的细菌数量只有此处的百分之一至十分之一，甚至更少。因此，研究作者估计，人体细胞和细菌的比例为1∶1，如若只算有核细胞（成熟红细胞无核），那么该比例变为1∶10。

这些细菌群落虽然也在人体的皮肤、阴道与口腔中定植，不过大多位于人体肠道内（图4.8和图4.9）。微生物为人体的正常运转发挥着必要的支持功能，并在人体细胞（器官）与环境之间起到某种缓冲作用。例如，它们可以完成人体细胞无法完成的酶促反应，使我们得以消化、转化自身持续摄入的众多

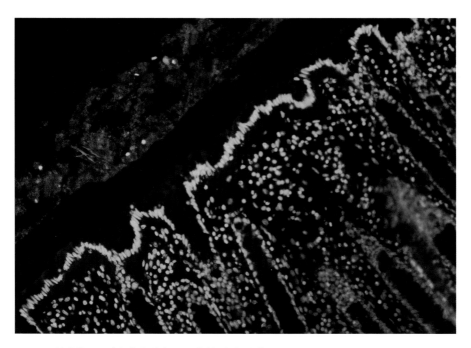

图 4.8 微生物区系（红色部分）和肠道（绿色部分）

图片揭示了肠道内共生菌群的位置。由于作为肠道基质的肠上皮表面存在黏液和抗菌分子，微生物区系与肠上皮面保持着一定距离。这便是乳杆菌（*Lactobacillus*）在肠道定植过程中面对的环境。

养分和化合物，包括化解有毒物质。这些细菌还可产生大量人体正常运作所需的物质，如某些维生素。近期研究已证实，在血液中循环的大部分代谢物都来自细菌，其中一些代谢物影响着众多人体器官（包括脑）的机能。

因此，人类与共生微生物区系的这一联盟对于我们的福祉和健康至关重要，并且可能影响我们的心境。然而此种共生关系非常脆弱，极易被破坏。有些人的微生物区系受现代生活方式中过度消毒的影响而变得贫乏；有些人由于童年营养不良，体内微生物区系失调；还有些人因过于频繁的抗生素治疗，体内微生物区系遭破坏。得益于近年来积累的知识，人们逐渐了解微生物区系与健康之间的功能性关联，但是仍有许多问题亟待解决。这开辟了一个未

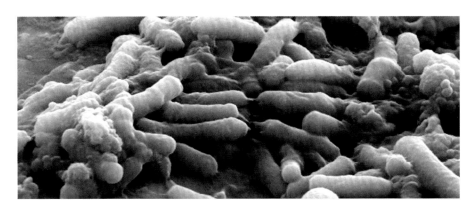

图 4.9　扫描电子显微镜下的人体消化系统微生物区系

来将有大量发现的研究领域，关于这些微生物盟友及其对人类、动物和植物的生理学影响，还有它们在众多慢性病中起到的作用。因此我们期待着，有望成为传统药理学补充的细菌疗法纷纷涌现，在未来的岁月里，这些细菌疗法必将掀起医学革命，甚或革新农业。

存在超个体吗

　　在生物学经典理论中，环境与个体是对立的，而进化机制是在个体层面运作的。个体间差异很大，例如存活时间有长有短，繁殖成功率有高有低，伴侣质量有好有坏，等等。然而，对某些物种来说，功能单位并非单个有机体，而是同一物种若干个体的集合形成的超个体。超个体的特征在于，组成超个体的成员的智力和决策自主性都有限，却可以集体完成超出个体能力的任务并作出决策。因此，超个体具有某种形式的集体智能。

　　其中典型的例子是社会性昆虫，如蜜蜂、白蚁等，其个体脱离集体便无法长时间生存，甚至无法繁殖。在社会性昆虫群体中，等级分明的细致分工使得超个体能像一个自主实体般运作。我们不禁思考应当将谁看作有机体：是超个体，还是组成超个体的数千个甚至数百万个个体？群体中个体之间深入合作，甚至会作出牺牲，而同一物种的不同群体之间相互竞争，就像通常同一物种的不同个体之间会竞争一样。若两个蚁巢相邻，那么两个蚁群中的工蚁会经常斗争。不过，研究人员近来发现，一些原产自阿根廷的蚁群尽管生活于同一片土地，但相互之间并无敌意（Giraud et al., 2002）。这种蚂蚁在地中海沿岸极具入侵性，群体之间不竞争或许是它们胜过本地种的关键原因。事实上，其工蚁可以进入任何巢穴，仿佛所有蚁群构成的网络就是一个巨大无比的蚁巢。对该蚁种进行的实验表明，从西班牙至意大利南部的所有蚁群的工蚁相互间都识别彼此属于同一蚁群，因此它们会合作而不会争斗。生态学家将此称作"超蚁群"（supercolony）。考虑到该超蚁群绵延超过 6000 千米，并且仅仅一个占地 10 公顷的果园内就有 20 亿只工蚁和 100 万只蚁后，地中海周边的这些阿根廷蚂蚁真了不起。

细胞利他牺牲？

在进化生物学中，利他行为是指特定种群中的利他主义者付出代价为其他个体带来利益的行为。代价和利益是用进化生物学中的"货币"，即"适合度"（对个体存活和繁殖能力的衡量标准）衡量的。因此根据定义，一个利他主义者倾向于以减少自身的存活和繁殖的机会为代价，增加其他个体的存活和繁殖的机会。在这样的背景下，利他行为的持久性令人吃惊：因为利他主义者的繁殖率低于其他个体，所以人们曾预计利他行为不会长期存在。然而，自然界中利他行为比比皆是，研究人员在细菌和社会性昆虫中都观察到群体分工，甚至细化到繁殖任务层面，蜜蜂便是如此。在一个蜂群中，只有蜂王进行繁殖，而负责蜂巢里大部分事务（喂养蜂王等）的工蜂却不繁殖，这是一切为了蜂王的至高无上的利他行为。要解释此类行为为何得以维持，我们可以关注基因的进化：如果与利他主义个体在基因上相近的个体们获取的效益不逊于利他主义个体付出的成本，那么决定利他行为的基因可以在种群内传播。同一个蜂群中的蜂王与工蜂在基因上极为相近，因此工蜂的基因可通过蜂后的繁殖传播。也有人用群体层面的自然选择对此进行解释，而这种解释在

1970 年代备受争议：如果利他行为仅仅面向部分个体（或个体所属的群体），那么利他行为就可以维持；在此种情况下，拥有更多利他主义个体的群体相对更具选择优势。

只要稍加关注，就可解释人或植物的凝聚力和功能整合的机制，我们在这些多细胞生物内部也能观察到利他行为。通常，多细胞生物的细胞不会无序增殖，其分裂受若干生理机制控制；而若细胞增殖不再受控，便会形成肿瘤。一些极度利他主义的细胞不仅严格控制自身的分裂，为了确保其所属个体的生理完整性，它们还会启动自己的凋亡程序——这是一种程序性细胞死亡，与被动的坏死截然不同。程序性细胞死亡十分重要，尤其是在个体发育过程中。人类的手掌最初没有指间空隙，看起来就像蹼足；在胎儿发育过程中由于很多细胞自毁才出现了轮廓分明的手指。

过去 15 年间，人们在单细胞生物中发现了与程序性细胞死亡相似的过程。一个不属于多细胞生物的个体准备自行了断，这一点该如何解释？新近研究表明，此类个体牺牲是应激情况引发的，尤其是某种营养素碰巧短缺的时候：以单细胞的盐生杜氏藻（*Dunalliela salina*）为例，在营养素缺乏的情况下，部分个体的死亡以及随后它们体内的有机分子释放到环境中，可使其他同类个体得以存活（Orellana et al., 2013）。但是，如何保障释放的营养素不被环境

自噬：吃掉自己没那么糟糕

"自噬"的英文拼写 autophagy 转写自古希腊语的 αὐτόφαγος，意为"吃掉自己"，是包括酵母、哺乳动物在内所有真核生物共有的一个高度保守过程。每个细胞都通过自噬作用清除自身内部堆积的"垃圾"，继而再循环其中可用的成分。为此，一个香蕉形柱体会在垃圾周围形成，直至将垃圾与细胞其他部分完全隔离。这一被称作自噬体的新结构将垃圾包围后，会与细胞内的特定细胞器（酵母和植物的液泡、动物的溶酶体）融合，

这些细胞器中含有降解垃圾所需的酶。因发现溶酶体于 1974 年获诺贝尔奖的克里斯蒂安·德迪夫（Christian de Duve）在 1963 年发明了"自噬"这一术语，用于指称彼时刚被其他研究人员观察到的一种细胞自我消化过程。他随后证实，溶酶体可与自噬体融合，在自噬过程中起到至关重要的作用。

这些研究人员虽然杰出，彼时却未意识到他们发现并概念化的这一过程有多重要。事实上，如今我们已知晓，自噬在细胞内部的众多生物学活动中发挥着关键作用，对器官的正常运作乃至机体的生活都有所贡献。例如，胚胎发育、免疫甚至衰老都需要细胞自噬作用正常运作。此外，除了实现垃圾的清理与再循环，自噬也是细胞对"应激"状况的一种反应。

自噬使得细胞可以在一定时间内补偿环境中养分缺失的情况，或者隔离并分解一些微生物，例如感染细胞并在细胞内增殖的细菌或病毒。因此，自噬作用能使细胞在不利的营养或健康条件下存活。

人们在理解自噬的主要生物学作用方面取得辉煌进展，这尤其得归功于相关研究人员鉴定了调节自噬的分子机制。因酵母自噬方面的研究成果卓然于 2016 年被授予诺贝尔奖的大隅良典，在 1990 年代发现了首批自噬关联基因，即 ATG 基因（其英文名缩合自 AuTophaGy-related）。正如大隅良典所说，他从事的领域没怎么被人探索过，还不存在真正的竞争，因而自己可以尽可能从容地进行研究。他的成果揭示了自噬作为重要生物过程在各种生理环境和病理环境中的作用，相关知识自此井喷。

该领域的最新研究进展揭示了调节自噬的细胞机制和分子机制具有高度复杂性。例如，若干自噬过程或不涉及某些 ATG 蛋白质，或没有形成"典型"自噬体，甚或不同于自噬的生物过程也会产生 ATG 蛋白质。此类观察结果对研究人员提出了新的挑战，未来有关自噬及其相关机制的发现，很可能为健康和生物技术领域的应用开辟全新途径。

中其他藻类物种所用？对一种常见藻类莱茵衣藻（*Chlamydomonas reinhardtii*）开展的其他研究证实，若干类似细胞死亡的机制不仅有助于同物种其他个体的生长，而且会抑制同一环境中其他物种的生长（Durand et al., 2014）。研究人员对此类现象背后的代谢机制以及相应的生态学后果还知之甚少，但如今微生物生态学界已对此开展积极研究！

3 生命间交互作用的动力学和复杂性

自 19 世纪以来，科学生态学的基础之一便是，人们可以根据每一个参与者产生的效益（＋或 0）或成本（－），细分生命之间的交互方式（表 1）。狮子捕食羚羊、老鼠依托人类的偏利共生、鸟（埃及鸻）为鳄"清洁"牙齿*，不同交互方式的事例不胜枚举（图 4.10、图 4.11 和图 4.12）。

寄生者还是保护者？

近些年出现的一个重大范式转变是，人们意识到，交互类型并非一成不变。根据环境条件，两物种之间的交互可能从寄生转变为互利共生，也可能全然相反。以感染众多昆虫的沃尔巴克氏体（*Wolbachia*）为例。传统意义上，该属细菌是寄生物，因为它们减弱宿主的生存力和繁殖力。然而，最近有研究表明，沃尔巴克氏体可以保护埃及伊蚊（*Aedes aegypti*）免受其他寄生物如登革病毒、基孔肯亚病毒甚至疟原虫的感染（Moreira et al., 2009）。寄生细菌的例子还有很多，只是当这些细菌为宿主带来效益时，我们便可将其视作共生体。例如，豌豆蚜体内的一种共生细菌 *Buchenera aphidicola* 不仅保护宿主免受拟寄生蜂的感染，还为蚜虫提供稀缺的氨基酸。然而，环境会改变此类共生交互作用，

---

* "鸟为鳄洁牙"一说出自古希腊作家希罗多德（Herodotus）的笔下，迄今并无可靠影像佐证。——译者

表 1　生命之间交互作用的性质

+/+	+/0	+/−	−/−	0/−	0/0
互利共生 / 合作（图 4.10）	偏利共生	捕食 / 寄生（图 4.12）	竞争（图 4.11）	偏害共生 /侵害	中性

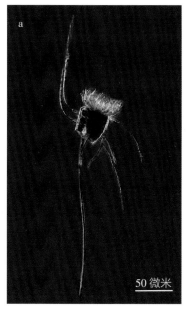

50 微米

图 4.10　互利共生与合作

a. 微分干涉相差显微镜下的开孔真铃虫（*Eutintinnus apertus*）。这种具瓶状壳的单细胞浮游生物庇护着一类同为单细胞生物的小型硅藻，即角毛藻（*Chaetoceras*）。两者的共生使得角毛藻可以移动，真铃虫则更难被吃掉。这一现象是赫尔曼·福尔（Hermann Fol）在滨海自由城的锚地发现的，这位海洋生物学研究先驱之一于 1883 年首次描述了该共生现象。b. 一种名为 *Tetraponera aethiops* 的细长蚁的蚁后（图中较大的蚁）和工蚁。这种细长蚁生活于喀麦隆热带雨林两种苞树莲属植物 *Barteria fistulosa* 和 *Barteria dewevrei* 天然的空心茎中。这些西番莲科植物为这种细长蚁提供庇护所和食物，而该细长蚁可捕食或蜇死植食性昆虫，从而保护"宿主"免受虫害。

图 4.11　不同生物间的竞争

图为一种滨珊瑚（偏绿色的团块）被在其周遭繁殖的藻类（淡紫色）包围。在滨海地区（图中为法属波利尼西亚茉莉亚岛的蒂亚胡拉地区），珊瑚和藻类为了争夺空间和光照，处于不断竞争的状态。随着环境条件的变化，占优势者改变。藻类占优势的珊瑚礁往往是人类活动影响的结果。

图 4.12　捕食和（拟）寄生 *

图为一条被茧蜂寄生的毛虫。茧蜂凭借螫针般的产卵器刺破毛虫皮肤，然后在毛虫体内产卵。茧蜂幼虫孵化后，摄食毛虫的血液发育。

---

　　* 拟寄生是介于寄生和捕食之间的种间关系，拟寄生会杀死宿主，而寄生一般不致命。——译者

只要细菌的一个基因（编码热激蛋白的基因）发生突变，细菌的有益效果便会被抵消，该细菌随即会具备寄生细菌的所有特征（Dunbar et al., 2007）。

新的测序技术使人们能通过现存的 DNA 探测微生物，甚至是罕见的微生物。由此，研究人员发现了此前被忽略的隐藏于其他有机体内的微生物，而这些有机体自身也栖身于更大的有机体内部：宛如俄罗斯套娃！例如，感染昆虫的沃尔巴克氏体本身也是某些病毒的载体。蒙彼利埃一支研究团队指出，这些噬菌体会影响细菌改变昆虫宿主行为的方式。与之相当类似的另一个例子是引发细菌性痢疾的痢疾志贺菌（*Shigella dysenteriae*）。有观点认为，该细菌是遍布人体肠道的大肠埃希菌的一种特殊菌株，两者的唯一区别在于，痢疾志贺菌的基因组获得了一种病毒，该病毒将无害的大肠埃希菌修饰为引发痢疾的菌株（Alizon, 2016）。

这些事例表明，根据环境的不同，一次感染可能是代价高昂的，也可能是具有保护性的。它们还说明了一个事实，即人们对特征化两种生物双边交互的密切联系了解越多，就越觉得，只有把这两种生物与其他生物建立的所有关系都纳入考量，才能真正理解相关联系。

不请自来的寄生虫主导猫鼠游戏

生物体内的寄生物有时会彻底改变宿主的行为。对寄生物而言，改变宿主行为只有一个目的：帮助自己存活和（或）繁殖。有时，这甚至宛如科幻小说家笔下的精神操控——被弓形虫病元凶刚地弓形虫（*Toxoplasma gondii*）感染的小鼠遭遇的便是如此情况。

想必怀孕女性都知道，如果自己没被刚地弓形虫感染过，那么应当避开猫：该寄生虫对人类胎儿发育极具危险，其他感染情况则相对无害。刚地弓形虫终宿主是猫等猫科动物，这意味着它们可以感染许多物种，不过若要保障自身的繁殖，就必须在猫的肠道内待上一段时间。猫被感染通常是因为摄入啮齿动物等小型哺乳动物或鸟类体内的弓形虫包囊。刚地弓形虫只有在猫的肠

图 4.13　刚地弓形虫干扰被感染小鼠的行为

被感染后不再惧怕猫的小鼠会被猫吃掉，该寄生虫因此得以更换宿主并繁殖。

道内才能进行有性繁殖并产卵，随后通过猫的粪便传播到外界环境中。

　　由于猫是鼠的天敌之一，鼠天生会对猫尿的气味感到惊恐。然而，有研究表明，被刚地弓形虫感染的鼠不仅不再对猫尿味避之唯恐不及，反而会被该气味吸引（图 4.13）。被感染的鼠对猫恐惧的丧失是一种非常特殊的功能丧失，因为这些啮齿动物并没有丧失任何其他神经功能，并且它们的嗅觉、学习能力甚至对其他刺激的厌恶感都得以保留（Vyas et al.，2007a，b）。

　　很显然，这一切仿佛是寄生虫能根据自身利益操纵宿主的某种极其特殊的行为功能：不再害怕猫的鼠会被猫吃掉，如此，寄生虫就可以进入猫的肠道并在那里繁殖！

　　一种微生物如何得以控制哺乳动物非常复杂的大脑？寄生物以及其他微生物对我们行为和选择的影响会达到何种程度？

数以百万计的共生

　　还有很多俄罗斯套娃般的共生情形让生物学家着迷，尤其是在植物领域。

化石分析表明，约4.5亿年前（各大陆相互分离之前），最初的陆生植物其部分细胞内具有微小的真菌。科学界认为，这些真菌使植物适应彼时必须克服的困境，即水分亏缺。这便是植物和真菌亲密关系的开端，该种间关系在生态和进化层面都十分成功，以至于如今，在地球所有生态系统中，大多数陆生植物的根系都被肉眼不可见的真菌定植。

此现象被称作"菌根共生"（图4.14）。在此种交互类型中，真菌是专性共生体。为了获取养分，真菌必须定植于植物根部，以便从中汲取植物通过光合作用产生的有机分子。作为交换，真菌为植物提供水分和矿物质——这是凭借真菌延伸到土壤中的、极度密集的菌丝网络实现的。这就像是一个天然的施肥系统，能让无法移动的植物最大程度地汲取土壤中的水和矿物质。

然而，"俄罗斯套娃"不止于此。很多菌根真菌还庇护着一些胞内菌，这些栖息于细胞内的细菌完全依靠其真菌宿主实现分裂。在此类植物 – 真菌 – 细菌的协同进化过程中，细菌的基因组已缩减至这些细菌无法自主生存的地步（Jargeat et al., 2004）。关于此类细菌对其宿主真菌乃至对菌根植物的生活有何影响，我们还全然不知，但正在开展的基因组研究势必会提供一些可用于解释的线索。

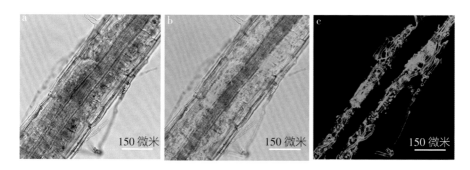

图4.14　大多数陆生植物根部都有真菌共生

以玫瑰红巨孢囊霉（*Gigaspora rosea*）为例，此类共生真菌是肉眼甚至在明视野显微镜下（a）都不可见的。然而利用特定染色剂（一种与荧光染料融合的凝集素）和荧光共焦显微术就可在根组织中识别出该真菌（b），甚至可通过光学重建对其进行三维观察（c）。研究人员发现，进入植物细胞内部的真菌形成了所谓的"丛枝吸胞"，菌根双方就是通过该结构交换养分的。

　　菌根真菌并不满足于单一的植物宿主。它们蔓延在土壤中的菌丝网络可同时定植于多株植物的根部。相邻植物的根系由此被连接起来，而这种真菌网络系统使它们可以交换信息。例如有研究表明，一株植物可以警示相邻植物，自己正遭受病原体或蚜虫的袭击，而相邻植物在接收到受袭植物通过真菌传递的信号后，会以激活自身防御系统的方式应答（Song et al., 2010; Babikova et al., 2013）。

　　图卢兹和南希的一些团队新近的科研突破使得人们部分理解了植物与真菌间相当微妙的分子交流，此类"分子对话"是真菌扎根植物不可或缺的"接头暗号"（Gomez-Roldan et al., 2008; Maillet et al., 2011; Plett et al., 2014）。正在开展的多组真菌基因组测序有望使研究人员在相关机制的破译之路上走得更远（Tisserand et al., 2013; Martin et al., 2008, 2010）。

　　在法国以及其他一些国家，另一种植物共生也是热门研究课题。该共生由根瘤菌和豆科植物（豌豆、苜蓿、车轴草、大豆、相思树等）构成。根瘤菌拥有不同寻常的特性，能将大气中的氮（N_2）转化为植物可利用的含氮化合物氨（NH_3）。该化学反应很难实现，并且能耗极高。要想生产氮肥，同样需要很多能量。以 2001 年图卢兹 AZF 工厂爆炸为例，该事故释放的能量恰巧与当初工厂生产并存放的 100 吨氮肥所消耗的能量相当。为了达成定植于豆科植物的目标，根瘤菌会释放被称作"结瘤因子"的分子信号。对此类信号有反应的植物会产生根瘤供根瘤菌定植，扎根于此的根瘤菌随即将空气中的氮转化为宿主植物的天然氮肥（图 4.15）。自法国科研团队发现结瘤因子（Lerouge et al., 1990）以来，全球各地（尤其是法国）开展了大量研究，力求揭示由根瘤菌及其结瘤因子触发的结瘤机制。实现结瘤的 Sym 信号通路涉及一整套细胞内分子的"接力"活动。数千个基因随之激活，并且包含数百万个细菌细胞的根瘤一旦形成，植物就会抑制细菌的发育，细菌仅存的功能便是固氮，就好像它们变成了植物细胞的简单细胞器（Van de Velde et al., 2010）。

　　这些关于菌根共生和根瘤共生的研究成果导向了一个始料未及的发现。实际上，引发豆科植物结瘤的 Sym 信号通路源于引发菌根形成的更古老通路。

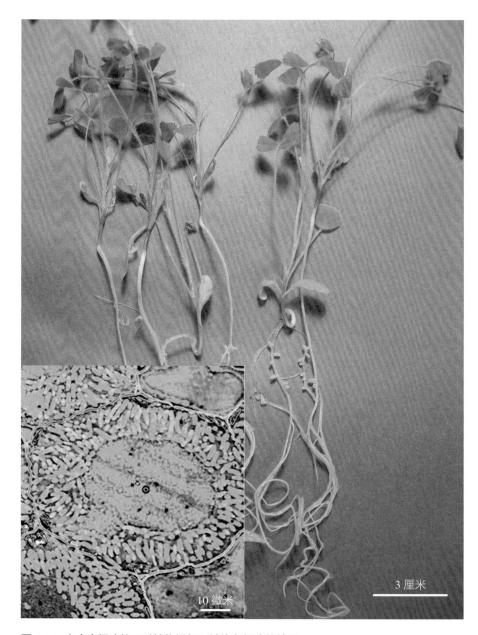

图 4.15 有众多根瘤的豆科植物根部和被染色根瘤的特写

在左下的染色根瘤特写图中，与植物细胞交织在一起的固氮细菌被染成了绿色。

146

根瘤菌和豆科植物的共生是 6500 万年前由菌根共生演化而来的，而菌根共生已有 4.5 亿年的历史！这一发现意味着，适合菌根共生的植物（大多数陆生植物），如小麦、水稻或玉米，拥有结瘤所需的几乎全部分子工具（基因）。因此，它们天生易结瘤。得益于近年来合成生物学领域的巨大进步，包括多支法国团队在内的一个国际研究团体正着力于让一些非豆科植物（谷物）也获得结瘤能力。届时，此类研究的成果或许可以降低甚至消除部分大型作物的氮肥需求。

种间关系为何如此复杂

营养联系（食物网）构成了种间关系的一大核心。食物网有一种特别形式：营养级联（图 4.16）。该关系链如同瀑布一样自上而下，位于顶端的捕食者以其猎物为食，后者自身也捕食其他物种，依此类推；该关系链时有分叉（一种捕食者可能有多种猎物），就像瀑布落下过程中碰到岩石一样。其结果是产生了错综复杂的分支，食物链顶端的变化会对下层各营养级产生难以预料的影响。由于缺乏方便地在大尺度上操控的系统，对此类营养级联的研究通常难以开展。万幸，在美国西北部宏伟壮观的黄石国家公园内，生物学家遇到一个难得的机会，得以研究在食物网中添加狼这个物种后产生的级联效应——自狼在大黄石生态系统局部灭绝约 70 年后，当局于 1995 年把加拿大境内的狼再引入黄石国家公园（Ripple et Beshta, 2012, 2014; Painter et al., 2015）。

正是该营养级联让科学家意识到，大型捕食者在生态系统中的重要性一直被低估了。在狼的数量增加到足以影响其主要猎物马鹿（图 4.16）的种群规模之前，狼的捕食作用就已经让研究人员有所感知。由于捕食者的存在，马鹿的行为迅速改变：它们变得更居无定所，会避开某些地方如山谷或峡谷，同时鹿群被限制在较小的规模。很快，由于这些食草动物啃食强度降低，之前被啃食的植物开始生长（一些树的体积在 6 年内增至原先的 5 倍）、变得繁茂并向周遭蔓延。光秃秃的谷坡很快长满了柳树和杨树。这导致土壤发生变化且无脊椎动物种群变多，雀形目鸣禽和候鸟也随之而来。

　　随着公园内部分地区马鹿数量逐渐减少，河狸拥有更多健康树木可食用，河狸种群随之激增，与此同时，它们迅速修建了更多的天然水坝。河狸筑的坝在河流水文层面有多重作用：除了能使突如其来的季节性水流变得平缓，坝的蓄水作用也有补给地下水的效果，还为鱼提供了众多荫蔽的淡水区、为鸟类提供了健全的有树栖息地。水獭、麝鼠、鸮、鸭子、爬行动物、两栖动物和鱼类

图4.16　狼的存在对美国黄石国家公园食物网主要的直接作用和间接作用

在所有与狼的交互中，除了最靠近顶端的那两个，其余都表现为间接正相互作用。

在河狸通过筑坝营建的水库中大量繁殖，这无疑提醒着人们河狸作为生态系统工程师的作用：为其他物种创造栖息地。

与此同时，由于被狼杀死的马鹿尸骨增加，各种食腐动物，从喜鹊、乌鸦、美洲鹫到熊都受益匪浅，它们的种群因此大幅增长，更何况其中某些动物还可以享用在繁茂的灌木丛中新长出来的各种浆果。狼与郊狼之间的竞争减少了后者的数量，这间接有利于兔子和各种啮齿动物存活，继而让鸥鹬、隼、鼬、狐狸和美洲獾从中得利。

再生的树林通过稳固土壤、限制侵蚀和崩塌，巩固了河岸。河变得更深、更窄，流量有所改变，曲流也变少了。最终，植物、水生无脊椎动物和鱼类的群落组成发生了演替。

狼回归之后，马鹿数量减少，但变得更为健壮了。人们预计，未来野牛也会从马鹿数量的减少中受益，并且郊狼数量大幅下降将促进美洲羚羊（叉角羚指名亚种）的多度提升。此番"实况角色扮演"实验中，狼的影响或直接或间接地、日复一日逐渐显现，深远且始料未及。实验证明，生态系统可由食物链的顶端，即主宰食物网的大型捕食者调节；该实验还带来了一个反直觉的观点，即像狼这样的大型食肉动物亦可能是生命之源。

让寄生物穿越时间

如果说理解两个（或多个）物种之间的交互作用十分困难，那么预测物种的进化，或者说它们的协同进化，则是难上加难。探测大自然中的协同进化过程本身就是一项挑战。最著名的事例之一，是大型溞（水溞）与其体内的寄生物分支巴斯德芽菌（*Pasteuria ramosa*）在牛津附近一个池塘中的协同进化（Decaestecker et al., 2007）。在一项既简单又优雅的研究中，比利时和瑞士的研究人员通过"取岩芯"，找出了各个沉积层中处于休眠状态的寄生物和宿主——沉积层越深，从中发现的个体越古老。而且，细菌和水溞都处于休眠期，因此存在让它们"复苏"的可能性。利用"活化石"在实验室进行抗性实验后，研究人员得以描述宿主抗性和寄生物感染性在这些年中的相应变化。

这一分析手段亦可用于监测患者被病毒感染期间的病程。以一项针对艾滋病元凶人类免疫缺陷病毒（HIV）的研究为例，研究人员每隔三个月提取HIV携带者的血清，旨在分离其中的免疫细胞和病毒。如此两年之后，研究人员有能力让任一时刻的病毒与任一时刻的免疫细胞相接触。蒙彼利埃两位研究人员（Blanquart et Gandon, 2013）对该"时间旅行"实验进行再分析，结果表明，要想观察到免疫应答，必须让免疫细胞接触至少6个月之前的病毒。因此，最终，HIV在与宿主免疫系统的进化赛跑中获胜。

他们在蒙彼利埃另一实验室的同事则用类似的实验研究实验室微生物系统内部的协同进化。实际上，在受控条件下使用实验种群，可以于不同试管中独立"复制"进化，并由此测试关于抗性和毒力进化的假设。由于关乎细菌对生物胁迫（噬菌体）和（或）环境胁迫（抗生素）的适应能力，这不仅在应用（噬菌体疗法和抗生素疗法）层面极具前景（Torres-Barcelo et al., 2014），对于研究迈向互利共生的寄生物的生命周期进化（Dusi et al., 2014）之类的基础性课题，同样十分重要。研究人员以草履虫为例指出，当培养环境有利于垂直传播（从母细胞传给子细胞），草履虫的寄生细菌的毒力会减弱。在此种条件下，寄生物变得温和，水平传播（从一个个体传播到另一个个体）不再可能。该进化实验暗示，放弃水平传播是从寄生过渡到互利共生的重要一步。

总之，协同进化既迷人又复杂，而要更好地理解该现象存在不少途径。例如，通过"时间旅行"可以探测到可能伴随着"军备竞赛"情景的协同进化，双方的攻击基因和防御基因"军火库"会随着时间的推移而壮大（Alizon, 2016）。此外，实验室的实验可以在受控条件下多次重演进化过程，从而区分其中的偶然因素和自然选择因素。

4 生命对环境的操控

浮游生物的生物泵作用

水域生态系统的液态性质有利于生物间的交互,并使得该环境中的生物和环境之间的联系尤为紧密。因此,对试图理解环境如何作用于生物、生物如何塑造环境的研究人员而言,研究个体层面和群落层面的交互就成了头等大事。通过分析"塔拉海洋"项目庞大的"组学"和环境数据库,我们对一些生物在碳循环中的作用以及它们彻底改变全球环境的方式有了更透彻的理解。该项目于 2009 年启动,目的是研究海洋浮游生物生态系统的神奇世界,从病毒到仔鱼都属于项目研究对象(图 4.17 和图 4.18)。

"塔拉海洋"考察队采集的浮游生物和病毒的秘密正被逐渐揭开。人们不仅发现了海面下的生物多样性,还发现海洋生物之间交互方式繁多且出人意料(Brum et al., 2015;de Vargas et al., 2015;Sunagawa et al., 2015;Lima-mendez et al., 2015)。通过联合分析海洋生态系统的理化特性和生物功能多样性,该研究初步描绘了与海洋生物泵相关的物种网络(Guidi et al., 2016)。海洋是全球主要的碳储存场,这尤其得归功于"生物泵",该过程通过海洋生物将大气中的碳(以 CO_2 形式)运往海底——这种"泵"或通过光合作用将碳固定于生物组织中,或将碳固定于一些微生物和大型生物的钙质壳中。碳被固定后,经过食物链转变成海洋中的颗粒有机碳,随后被带往深海(所谓的"深海碳输出"),最终到达海洋底部并被封存于此(所谓的"碳固存")。从地质年表尺度来看,生物泵是碳固存的重要生物过程之一,该过程大部分归功于浮游生物。石油资源便是浮游生物中的有机物在海底历经数百万年蓄积和转化而来的。

浮游生物由种类繁多的微小生物组成,地球生物质一半的初级生产量源于浮游生物,这构成了鱼类和海洋哺乳动物摄食所需的海洋养分基础。众多研究表明,生物泵的强度与部分浮游生物——尤其是海洋光合作用的主要参与者、单细胞的硅藻类,还有主要以硅藻为食的浮游食植动物中的桡足类(图

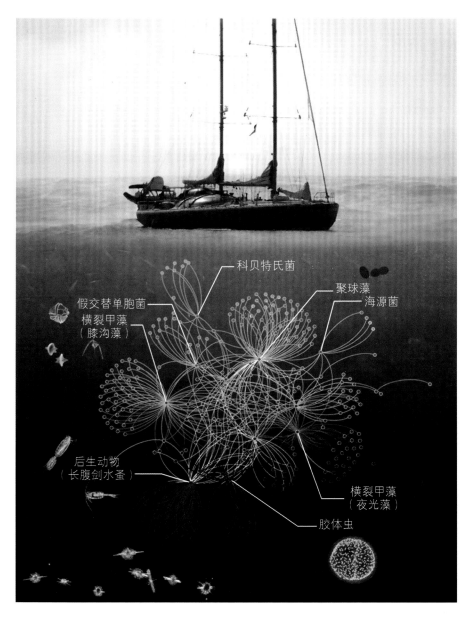

图4.17 "塔拉号"及其下方的与生物泵相关的浮游生物网络示意图

该网络示意图重点呈现了一些关键类群或关键种，如胶体虫、横裂甲藻、聚球藻（一类蓝细菌）。

4.18）——的物种多度直接相关。然而，参与碳固存的主要群落的组织结构在很大程度上还不为人所知。

通过分析"塔拉海洋"项目采集的样本，由法国专家牵头的一支集结了生物学家、计算机科学家和海洋学家的跨学科国际团队揭开了这些浮游生物的"面纱"：它们的种间关系，以及它们与极度"贫营养"洋区的生物泵相关的主要功能。这样的洋区在全球海洋中占大部分（超过70%），而且其生物泵特征远未明确。该分析首次描绘了与这些洋区的"碳输出"相关联的"浮游生物社交网络"，其中统计到的"社交参与者"有许多是已知的，如一些可进行光合作用的藻类（特别是硅藻）或桡足类动物。然而，一些浮游微生物、无法进行光合作用的单细胞寄生物、蓝细菌和病毒在"碳输出"中的参与度此前都被大幅低估了。此项分析表明，一

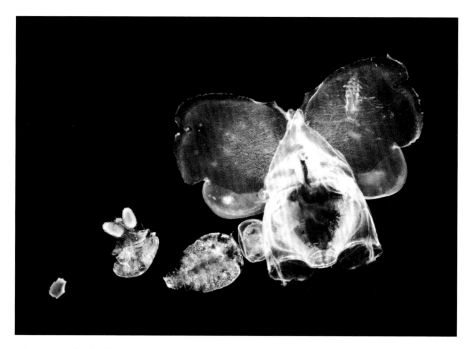

图4.18　浮游微生物略窥一二

一只形似大象、约5毫米长的翼足目软体动物，两只桡脚类甲壳动物和一只橙色介形类甲壳动物，这些样本提取自"塔拉号"布置于马尔代夫群岛沿岸印度洋水域的浮游生物网。

个群落的作用并不一定等于同一群落中各个个体作用之和（Schrodinger，1944）。

认识此类网络的结构、了解参与碳循环的基因的功能……相关研究前景广阔，尤其是可以对海洋内部有关碳循环的生物过程进行建模。如此一来，就有可能测试此类网络在不同气候条件下的稳健性，更好地了解各种浮游生物如何影响碳循环与气候调节。生物泵的例子体现了各种形态的生命之间的联系，以及生命对地质学和地球生物化学的影响，尤其是通过石油生成产生的影响。这一鲜明例子阐明了生物是如何在地球历史进程中操纵环境的。如今，人类每年的石油消耗量相当于浮游生物通过生物泵历时 100 万年的产油成果，我们已然成为生物地球化学最重要的角色。

三只小狐狸和凶恶的大野猪

自从人类意识到人类活动对环境尤其对环境主要部件之一的生物多样性产生重大影响后，保护生物学应运而生（Caughley，1994）。这门新兴学科起源于 20 世纪下半叶，旨在从保护角度研究生物多样性。由于有一个具体的应用目标，该学科非常特殊：它既是一门学科，也是一个行动领域。此外，所谓"危机学科"的头衔也使其性质变得很特别，因为这意味着政治决策者要求科学家协助其作出相应领域的紧急决策，而决策的数据基础却是零碎又多变的，并且收集数据花费昂贵。有时，在还没有获取全部知识前就必须行动，进行实验的可能性微乎其微，甚至基本没可能改变区区一个参数，并且鲜有重复实验。归根结底，这是一门两难和不确定性的学科，也是一门主观的学科，因为它是以多种价值观为基础的（例如，多样性和复杂性在该学科中是应积极争取的正面因素，可能阻碍进化自然进程并破坏生物多样性的因素则是需要避免的负面因素）。尽管存在种种特殊性和限制，这门多学科科学——虽然主要以研究生命与其环境相互关系的生态学为基础——还是发展迅猛，并取得了可观的成就。

保护生物学最值得一提的事例之一，是美国加利福尼亚州岛屿灰狐（ *Urocyon littoralis* ）的衰落。这种狐狸是洛杉矶附近海峡群岛的特有种，全世界仅此处的 6 座岛上有它们的身影（图 4.19）。体形不比猫大的岛屿灰狐远离大陆生活的时间足够长，以至于变成了其所处独特生态系统中的一个独立物种，曾是当地食物链顶端的顶级捕食者。1990 年代末，一项针对这种狐狸的行为和空间占用的研究表明，其种群由于不明原因急剧衰落，在不到 10 年的时间内，90%—95% 的个体死亡。例如，圣罗莎岛上的狐狸数量在不到 6 年的时间内从大约 1500 只降至 14 只，圣克鲁斯岛上的狐狸数量由 2000 多只降至 135 只。从该物种的寿限尺度来看，这样的消亡速度是不可能使种长时间维持的；从相关科学研究的尺度而言，该速度同样太快，物种离灭绝所剩时间无几。与此同时，人们对其状况了解甚少，所以这项颇为特殊的研究必须尽快开展。

研究人员开展了各种研究以了解岛屿灰狐种群衰落的原因：与当地物种的竞争？缺乏食物来源？寄生虫或疾病？多年后，人们才对基于间接关系的特定研究途径进行了更为细致的探索。由于岛屿灰狐是岛上主要的捕食者，一开始人们没有考虑该动物遭捕食是其衰落的可能原因。然而，更有针对性的研究指出近年来岛上出现了金雕，对它们捕食犬科动物的观察也证实了狐狸遭捕食的可能性。在此之前，狐狸没有天敌，无论是行为方面（狐狸不会想到躲藏或者观察天空）还是繁殖方面（由于死亡率低，该物种繁殖率也低，因此无法弥补迅速发生的数量损失）都缺乏准备，无法应对金雕的捕食。但是，又有一项借助生物能学模型和种群动态模型的深入研究指出，岛上的狐狸并不足以喂养数量较多的捕食者金雕。如果狐狸数量不足以保障金雕的生存和繁殖，那么金雕又是如何造成岛屿灰狐衰落的？为理解这一问题，法国研究人员开发的种间关系数学模型提供了解决方案：或许存在一个未知因素，即可能是一种替代猎物为金雕提供了必要的能量，使金雕得以维持偶尔捕食狐狸也能存活的状态（Roemer et al., 2002）。

该未知因素很快便得到鉴定：数十年前被引入岛屿的野猪，它们很好地适应了金雕的捕食，可形成不会因幼崽被大量捕食而遭重创的健康群体。再加 20 世纪白头海雕（美国国鸟）的消失为金雕在岛上筑巢留下空位，那么问题就很好理解了。接下来要做的是保护生物学的第二部分，即生态系统的修复——

这可一点都不容易。数学模型表明，消灭野猪可能会加快狐狸的丧失（如今余者寥寥无几）；移除金雕（不能消灭的保护物种）同样无济于事，因为还会有其他鹰类从邻近海岸飞来（Courchamp et al., 2003）。人们作出决定：一是圈养岛屿灰狐（图4.19），二是将岛上金雕迁移到大陆种群中（那些种群本身也在衰落），三是重新引入海雕作为金雕的竞争者，四是执行有史以来规模最大的入侵物种消除计划，即消除圣克鲁斯岛上的15 000头野猪。该重大项目将耗时数年，但应该能挽救加利福尼亚的岛屿灰狐。2016年，这种灰狐成为首个从美国濒危物种名单上被除名的物种。

图4.19　圣克鲁斯岛上圈养的灰狐

在清除吸引捕食者金雕的野猪后，此前暂时圈养的狐狸会被投放到生态系统中。

世界各地的众多其他项目以同样方式显著恢复了动物种群。美洲野牛便是其中一例，该物种险些灭绝：19世纪，数千万头野牛被屠杀，只有541头幸免于难，而如今野牛数量已超过50万头。黑足鼬、加州神鹫、鸮鹦鹉和法国秃鹫也只是保护生物学这门年轻学科众多成就中的几个。然而，如今仍有超过三分之一的物种濒临灭绝，还有很多工作亟待完成，为数不多鼓舞人心的成就相对现今我们观察到的物种衰落情形，还微不足道。

总结

在可怕环境中依然惬意的细菌和古菌、丰富多彩的"俄罗斯套娃"、有创造才能的环境、拯救生命的狼、全新的微生物世界、留有双亲生境印记的后代……通过一系列采集于无穷小世界和大型生态系统的事例，本章提出了关于生命及其部分秘密的基本问题。

本章介绍了生命是由其环境因子塑造的，探索了全新基因组测序技术如何让我们看到未知的微生物世界。通过本章，我们了解到生命几乎总是生活于更大的生命之内，或者包含着更小的生命。本章阐明了有机体细胞间交互作用的融合、复杂性与脆弱性，也揭示了物种之间建立的联系，正是此类联系构建成一个个生态系统。最后，本章还介绍了生命如何得以改变环境进而保护环境。

5

从好奇心到应用

蝴蝶翅膀呈蓝色与色素无关，而是一种名为虹色的光学现象导致的，因为翅膀表面重复的微结构会反射部分入射光。该原理可以应用于工业，如生产不用染料的纺织品或材料，其颜色不会随着时间流逝而褪色。

生物学研究人员的愿望首先是通过观察和测量理解生命如何运转，获得可能对社会各领域（能源、食品、健康等）有利的知识。我们的研究基于一套通过实验验证假设的研究方法，几乎程序化，结果有可能是预料之中的，也有可能出乎意料。它们可能如同数学家和物理学家的灵光乍现般突如其来，也可能是长期努力的结晶。研究结果甚至可能出于偶然，例如亚历山大·弗莱明（Alexander Fleming）便是在度假归来后意外发现了青霉素：他注意到，之前忘记清理的葡萄球菌培养皿被邻座同事正在研究的真菌（产黄青霉菌）污染了。弗莱明的智慧在于，他观察到这些真菌周围的葡萄球菌不再生长后，便着手启动一种针对性研究，最终促成首种抗生素面世。基础研究之目的不在于某一潜在应用，但其发现可以催生一些应用。无论何种情况，研究成果都会给研究人员带来无尽的愉悦，这份愉悦会让研究人员忘却日常遭遇的知识障碍、实验障碍或逻辑障碍。或许，本质上，我们所有人寻求的就是惊叹如斯。

为了达成该目标，研究人员会被强烈的好奇心和愈发透彻地洞察生命世界的需求所驱动。通常，我们会被自己观察的生命所震惊，带着进一步被激发的好奇心深入探究至分子层面，以充分理解转动生命齿轮的机制。此番理解会带来新的前景和应用，即"行动"。"行动"促使我们想知道得更多，从而想"观察"得更透彻，由此，我们对生命的理解一步步加深，这又会激发新的想法和应用（图5.1）。大自然如此非凡，我们能从中学习的还有很多。

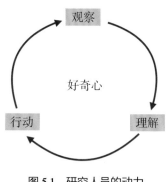

图 5.1　研究人员的动力

从大自然中汲取灵感来解决复杂问题并非什么新鲜想法。在未来，这种做法极有可能变得司空见惯。这种方法能让人类从大自然赋予的多种源泉——从分子、形状、材料、能源管理或信息管理到防御、协同效应和可持续生态系统——中汲取灵感。如今的范式不再基于我们可以从自然中获取什么，而是基于自然可以教会我们什么。大自然让我们有机会观察的实际上是整个进化过程中不断显现和改善的解决方案，以便我们在限制相关生态足迹的前提下，运用同样的方案解决社会中的复杂问题。事实上，大自然建立的完美系统远比人类能开发的任何系统都复杂且强大，例如，人体的信息处理能力比世界上最快电脑的性能更高。化学家经常从植物、微生物、真菌和动物产生的分子获取灵感，这些分子往往比他们能合成的分子更加复杂、更加独特！一个例子是从紫色色杆菌（*Chromobacterium violaceum*）中分离出来的罗米地辛（FK228），该分子具有抗癌特性，对基因表达的表观遗传调节起作用，2009 年被批准用于治疗部分淋巴瘤。为了合成这种复杂的分子，化学家采用了一个包含 9 个步骤的合成路线，结果只得到很少量的成品（Greshock et al.，2008）！另一个例子是芬戈莫德，该药主要用于治疗多发性硬化（Strader et al.，2011）。通过研究辛克莱棒束孢（*Isaria sinclarii*）的次生代谢物，日本一支团队

与超级计算机相比，人体处理信息的速度如何

运算速度用 FLOPS（floating-point operations per second，每秒浮点操作数）衡量，即计算机 1 秒钟可完成的涉及实数的运算次数。

据研究人员估计（Modha，2009），人脑运算速度为 38 petaFLOPS（1 petaFLOPS=10^{15} FLOPS），当人体在环境中活动时，大脑处理的信息就更多。信息处理速度可通过体内细胞数量进行估算（Bianconi et al.，2013）：细胞数量乘以每个细胞中核糖体的数量（Wolf et Schlessinger，1977），再乘以每个细胞中 RNA 的转录速率（Halpern et al.，2015），计算结果以每秒碱基对表示。最终得出为：

人体信息处理速度 $=3.72 \times 10^{13} \times 6 \times 10^{6} \times 34=7.6 \times 10^{21}$（每秒碱基对）

2016 年，世界上速度最快的计算机是中国的神威·太湖之光，其速度为：93 petaFLOPS，即 93×10^{15} 次每秒浮点操作。

因此，人体信息处理速度是世界上最快速的超级计算机的 10 万倍！

合成了类似物，这些类似物表现出有趣的生物特性。随后经过多个阶段的化学改良，研究人员获得一种新的衍生物，并于 2010 年被批准用作药物。大自然还具有一些可用于研究的生物工具，也被研究人员发现并应用，例如，通过"劫持"细菌用来对抗噬菌体整合的"免疫"防御系统，研究人员制造出了可"按需"修饰基因组的工具 CRISPR-Cas9。

必须强调的是，为了观察、理解和行动，生物学家得联合化学家、物理学家、数学家、工程师和社会学家开发新的技术和模型，以便渗透种种生命机制并更好地研究它们。跨学科研究是未来生命科学研究的中坚力量之一。

在本章中，我们将介绍于 21 世纪颠覆了生命科学的若干发现、随之而来的应用以及未来的挑战。当然我们并没有面面俱到，只选择了我们最了解的一部分进行介绍。

在每个例子中，读者都会发现，研究人员是如何被更好地观察生命的好奇心所驱使从而更好地理解生命的，并由此带来一些往往是意料之外的应用。

1 观察

研究人员使用、开发并改善各类技术以观察生命，旨在厘清支配生命的机制和生物分子（DNA、RNA、蛋白质）的种种细节（图 5.2）。看见肉眼不可见

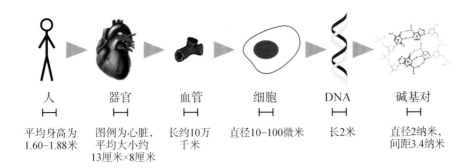

人	器官	血管	细胞	DNA	碱基对
平均身高为 1.60-1.88米	图例为心脏，平均大小约 13厘米×8厘米	长约10万千米	直径10-100微米	长2米	直径2纳米，间距3.4纳米

图 5.2　基于人类视角的几个生命维度

之物，这是所有成像模式共同的追求。

各个尺度的成像

从器官到分子，成像技术在各个尺度的巨大进步令现代生物学受益匪浅。在分子成像层面，现今可以结晶的大分子复合物颇为可观，例如细胞内组装蛋白质的工厂核糖体（图5.3）。在传统技术（磁共振、晶体学）之外，一种新的研究方法正在革新结构生物学，这就是冷冻电子显微术（图5.4）。随着仪表的巨大进步，尤其是在电子探测层面的突破，如今的结构成像分辨率可达到原子级别。冷冻电子显微术可以迅速生成高分辨率的分子模型（图5.4），包括X射线晶体学等传统方法无法确定的某些分子结构。尽管仍很昂贵，但是巴黎、斯特拉斯堡、格勒诺布尔、波尔多等地的法国研究机构已经使用或行将使用该技术。借助该技术，法国一支团队解析了保障蛋白质和DNA跨细菌外膜转运的大分子复合物的结构，对细菌及其宿主之间的交互作用有了更清晰的理解（Durand et al., 2015）。

在细胞层面，另一项技术革命超分辨率显微成像也显著改善了观察效果。2014年诺贝尔化学奖表彰了三位科学家对超分辨率荧光显微成像领域的贡

图5.3　酿酒酵母（*Saccharomyces cerevisiae*）的核糖体结晶

图5.4　冷冻电子显微术引领分辨率革命
通过冷冻电子显微术获取的β‑半乳糖苷酶的高分辨率结构已成为分子分辨率革命的象征。

献，借助该技术获取的细胞图像分辨率无可匹敌，研究人员可以据此追踪细胞内部经荧光标记的生物分子的移动轨迹，并明确其动态（评估如细胞内部那般复杂、拥挤环境中单个分子的动态就好比在人群中追踪一个人，是一项真正的挑战）。该信息很难获取却至关重要，因为它能让我们了解分子尺度上转瞬即逝的细胞过程，而此前研究人员只能于试管中不完美地模拟相关过程。

超声革命：借助技术创新观察、理解、修复大脑

超声检查自 1970 年代起被广泛应用于临床。借助超声波，我们可探测肉眼不可见的器官内部，洞察其数厘米深处的状态。而该技术如今正在经历第二次革命。摩尔定律 * 所描述的计算机性能指数增长使我们得以改变超声波在体内的发射方式，超声成像速度从每秒 50 帧提高至每秒数万帧。极高速成像技术的出现使我们能观察此前不可见的第二个世界，那是一个无限快的世界（图 5.5）。在如此速度下，看见肉眼无法感知的毫秒级瞬变现象（如我们身体持续不断的机械振动）成为可能。如此一来，我们就可以于数毫秒内绘制出器官的硬度图，并追溯众多形态和功能方面的新信息。

有了如此高速下也能大幅提高超声波探测器官内小血管血流量的手段，专家就可通过活跃脑区血流量的增多间接推断大脑活动。由于能实现易用、高灵敏度且可兼容的脑功能成像，超声检查进入了神经科学领域。

极高速超声检查还为我们开启了第三个世界的大门，即无限小的世界。通过向血管中注入可强烈反射回声的微型气体胶囊，专家能以显微级精度在器官中数厘米深的范围内定位这些超声造影剂（图 5.6）。无创性显微级分辨率成像的梦想正在变成现实。不久之后，我们将可以远程研究器官的整个血管网络，包括毛细血管这样的小血管。

---

* 英特尔创始人之一戈登·摩尔（Gordon Moore）于 1965 年提出此定律，多年来，该定律不断被验证。

除了为我们开启无限快世界和无限小世界的大门，超声波还提供了多种与人体组织交互的可能性，对未来医学而言无疑是一种非凡的工具。根据使用的功率、波幅、持续时间以及重复发射的频率，超声波能帮助我们观察器官、血管，还能助力医生进行远程的触诊、施加机械应力和刺激神经元。在治疗领域，人们还能借助超声波，以可逆的方式改变血管内皮细胞膜的通透性从而让药物渗入细胞，或是粉碎肾结石，亦可软化、液化组织，甚或通过远程控制方式以毫米级精度加热组织乃至致其坏死。目前这些与人体交互的新功能还有待研究，或许不久之后会在临床上得到广泛应用，尤其在脑病理学领域。人们大多知道，神经系统变性疾病和肿瘤对健康影响重大，且随着人口老龄化，此类影响呈指数增长。与癌症不同的是，神经系统变性疾病在靶向治疗革命中获益

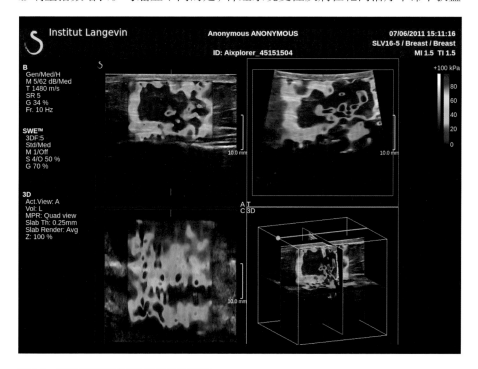

图 5.5　极高速超声检查测定组织的弹性

这种超声检查仅用数秒时间便可以获取肿瘤（图为乳房内的肿瘤）体积的完整三维图，并逐个平面量化高硬度区域。区域越红，表明硬度越高。

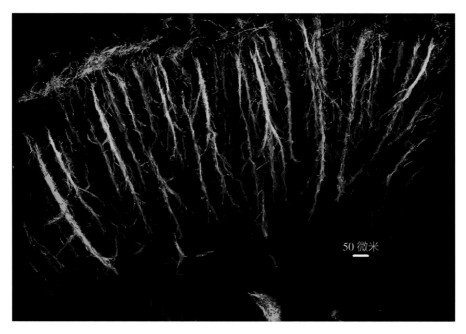

50 微米

图 5.6　通过超分辨率超声波实现的啮齿动物大脑皮质血管网络的显微成像

脑病：生物医学研究的一大挑战

在欧洲，脑部疾病的治疗成本远高于癌症和心血管疾病。残疾、生活质量变差、死亡率上升……欧洲约三分之一的居民（1.79 亿人）为此共花费 7980 亿欧元（DiLuca et Olesen，2014）；作为对照，癌症共花费 2500 亿欧元，心血管疾病则为 1920 亿欧元。抑郁、痴呆等精神疾病因发病率高而影响最大。脑肿瘤和多发性硬化虽然很少见，但对个人的影响也极大。

甚微，往往仍旧不可治愈并造成残疾，使得患者生活质量严重下降，且死亡率很高。目前，还没有针对此类患者的治愈性治疗，而且痴呆的社会经济影响相当大。

脑病的治疗方案相对匮乏，有如下几点原因：难以介入器官，比如难以定位治疗靶点，也难以将药物送达；脑内错综复杂的网络状互联组构可能在一些

166

重点区域出现功能障碍；脑病变的不可逆性导致无法对涉及记忆、运动等重要功能的脑区采样。面对此番重大医学需求和传统药物治疗方式的局限，生物医学研究通过新技术手段带来了创新的诊断和治疗方案。

2 理解

说到理解，还有什么例子能比两项有关脑功能的研究及其应用更具代表性呢？关于脑的组构和功能，相信读者在上一章中已有所概观。

随时准备学习一切的神经回路

脑是一个迷人且复杂的器官，它能预料我们可能遇到的各种新情况并作出反应。里昂一支计算神经科学家团队（Enel et al., 2016）开发了一个"简化的人工脑"，它使得类人机器人 iClub 能够学习并理解新的语句，甚至可以预测句子的结尾。该"人工脑"是基于一个再现了与人脑类似"神经网络构造"的模型研发的。要预测所有可能的情况，大脑必须具备可以整合接收到的全部信息的能力。为理解此种整合能力的运作方式，研究人员研究了皮质中的神经元如何相连。他们观察到，大部分神经元的连接都是在相邻神经元之间建立的（图 5.7 a 和 b）。在神经元邻里之间的"讨论"中，相邻神经元会互相交流并把沟通的内容传回"对话"发起方，由此形成反馈回路。于是，研究人员以这些相邻的局部连接为基础建立了神经网络的计算模型（图 5.7 c）。因此，已"预适应"的虚拟脑可以面对任何潜在的情况。此种惊人的预适应源自"虚拟神经元"之间的连接，虚拟神经元之间的连接也是反馈回路，在其中进行的输入就像池塘里的水波一样，可以反弹并混合到网络之中，这就是所谓的"储备池计算"（reservoir computing）。此番混合为各种输入组合提供了一个潜在的通用表征，可用于学习新情况下的正确行为。该虚拟神经网络惊人之处在于，储备池神经元的活动整合了所有可能出现的情况。为了具体处理其中一种情况，储备池神经元和输

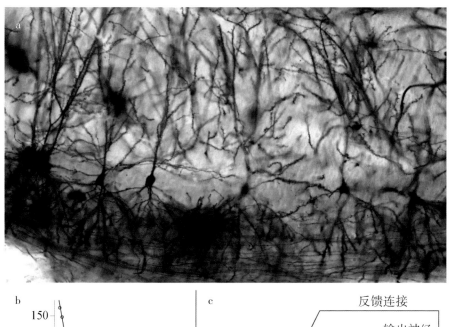

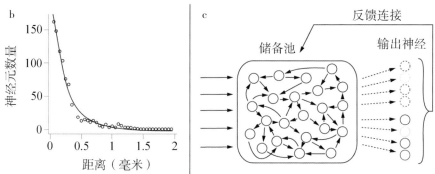

图 5.7　神经元和学习之间的连接

a. 在新皮质中，邻近细胞与视皮质以及躯体感觉皮质有连接。b. 在新皮质中，神经元连接数量随着距离的增加呈指数递减，且绝大多数都是局部的反馈连接。c. "储备池"是一种计算机模拟，它模拟了一种反馈网络，其灵感源自皮质中密集的局部互联。其中的每个人工神经元都通过一组简单的微分方程单独刺激。这些神经元以 10% 的概率互联。输入从左侧进入储备池，它们可代表视觉表象、声音、触觉刺激等。这些输入会在储备池中产生活动，从而创造各种可能的组合。由此产生的组合编码为 4 种目标选项，系统须从中作出选择，如果系统作出正确选择便会得到奖励。通过学习储备池中存在的连接，系统能为待完成的任务选择由储备池输出的正确表征。

出神经元之间的连接会通过学习进行更新，从而在输出时产生适当的反应。

为了验证大脑可能是以此种方式运作的假设，研究人员向储备池网络展示了如何执行一项新任务，完成该任务便会得到奖励。随后确立新的目标，并重复这一操作，由此发展成了学习。学习是通过不断试错来实现的，而这会改变储备池神经元以及输出神经元之间的连接。随后研究人员比对了储备池模型神经元和猴子前额皮质神经元的活动，实验用到的这只灵长类动物接受过执行同样任务的训练。值得注意的是，储备池模型的神经元活动与猴子前额皮质的神经元活动惊人地相似。研究人员由此确认，人脑内的局部反馈连接以惊人简单的方式为我们做好了面对无数情况的准备：大脑网络的内部表征拥有同样无穷多的组合，而总有一种组合是我们面对既定情况所需的。由于储备池网络的简单性，它可以通过各种类型的计算硬件（光计算、可编程逻辑阵列）实现，从而创造新一代仿生计算机（Paquot et al., 2012）。

意识神经元的活动

在神经科学中，认知神经科学试图通过研究思考时的脑部活动来揭示思维的某些内在机制，从而编写心理学新篇章。例如，实验心理学方法与脑功能成像（从功能性磁共振成像、脑电图、脑磁图到脑内单个神经元活动的记录）相结合，能使人们剖析视觉景象、感知背后的心理活动和脑部活动。我们的感知总是系统性地始于一个持续约0.2秒的无意识阶段，在此阶段会形成对景象丰富且复杂的初步表征：面部识别、单词意义等都可以在无意识间得到分析。这第一波模糊知觉会调动特定神经网络的活动，其计算尚局限于感知脑区（如枕叶皮质、颞叶皮质和顶叶皮质）。随后，在我们能够主观地将自己与相关视觉景象联系起来的那一刻，这些感知表征中的一部分就进入了我们的意识："我看见X。"觉察意识的这一关键阶段发生在0.3秒左右，与脑功能的一个非线性变化相对应：编码我们知觉表征的神经网络突然间被脑部注意力网络增强，从而与承载我们意识内容的庞大脑内网络产生功能性关联。此番丰富且复杂的"远程逻辑对话"的确切机制是众多实验室，尤其是法国实验室密切研究的对象。

这一例子呈现了认知神经科学的进展，以及相关学科为基础研究和医学开辟的近期前景。此类基础知识已经被运用于探测意识状态不明确的无交流病人的意识（或无意识）状态：他们是醒着但无意识（植物人状态），还是处于微意识状态？又或者他们有意识，却因运动能力受损而无法与他人交流，就像电影《潜水钟与蝴蝶》中描述的"闭锁综合征"（片中患此症的主人公通过眨眼完成了与影片同名的书）？

如今专家可以通过声音、字词或影像刺激此类病人，并记录其脑部活动（脑电图和功能性磁共振成像，图5.8）。研究人员可以就此检测出脑部感知这些刺激的特征标记，偶尔还能鉴定意识产生时的特定标记。此种研究手段与深入的

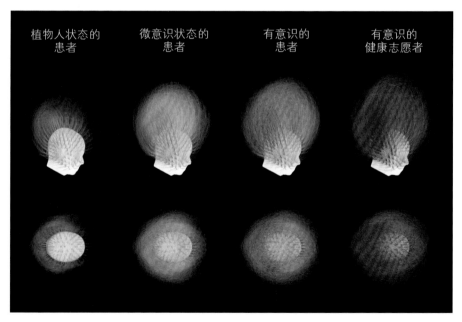

图5.8　通过卧床期间神经元复杂的"逻辑对话"测定患者的意识状态

每组简图中的每根彩色线条都代表着置于患者头部的两个电极之间"对话"的数学值。线越红，对话越复杂。在微意识状态，人们仍可鉴定出该特征标记，而大部分临床植物人状态的患者都没有该特征标记（King et al., 2013）。

神经系统检查相辅相成，已经纠正了一些诊断，且被证实对部分病人非常有用。

认知神经科学研究在生物学中也有一个显著特点：通过研究由一些疾病（遗忘症、失语症、意识障碍等）引起的认知障碍，生物学家不仅可以更好地理解这些疾病，还可以发现正常大脑如何运作。例如，当发现双侧海马病变的遗忘症患者仍能无意间记住一系列信息或技能（可学习路线及计算机语言，具备镜像书写和阅读的能力等），我们对正常记忆的概念发生了转变。人脑只有一种记忆的模型已被粉碎，取而代之的是记忆系统理论，该理论确定的十余种记忆系统相互独立，因此它们是可分离的。这种在健康人和病人之间的往复切换承载着重大的伦理学挑战，并且凸显了基础神经科学和应用神经科学之间的紧密联系。

最后，在未来数年里，神经病理学领域（如神经系统变性疾病）和精神病理学领域（如精神分裂症）将取得辉煌进展，大量新发现能为相关疾病提供创新的治疗方案。

3　行动

研究人员试图理解的那些惊人的意外结果可能会带来颠覆性发现。例如，对纤毛虫或蠕虫等与人类相去甚远的简单生物的研究能带来健康方面的应用。

从布列塔尼的沙蠋到肾移植

1993 年，在港口城市莫尔莱（Morlaix）北郊的罗斯科夫生物研究所，彼时的实验室主任交给自己的一个学生如下论文主题：理解定居于沙质海岸的一种小型沙蠋 Arenicola marina 如何在缺氧情况下存活。受潮汐节律影响，这种海生蠕虫每天有两次处于缺氧状态，时长约 6 小时。自 1970 年代起，这支法国团队一直在研究该环节动物的血管系统。团队认为，该沙蠋的生存秘诀在于体内有一种与人体红细胞的血红蛋白相似的大分子蛋白，其主要功能是运输氧气。这名大学生随即投身该课题，他从沙蠋背部的血管中提取血液进行分析，致力于更好地表征这种大型血红蛋白的特性。该蛋白质的一些惊人特征使其有别于人体血红蛋白：这种蛋白质不在红细胞内部，而是位于细胞外，并表现出极高的氧合能力（它在完全饱和状态下可结合 156 个氧分子，而人体血红蛋白只能结合 4 个），还具有极强的抗氧化特性，且可以在更广的温度范围内（4—37 ℃）保持活性。低潮时，藏在沙子里的沙蠋会释放储存的氧气，从而使自己可以呼吸。实验表明，该蛋白质不会引起人体任何免疫、过敏或血管舒缩反应，这保证了使用安全性，并使该蛋白质成为"通用"氧供体，可应用于贫血（血液缺乏红细胞或血红蛋白水平偏低）、缺血（供氧不足）等众多疾病的治疗。

倘若这件事以沙蠋血红蛋白研究结束，那么这项工作仅仅是丰富了人们的海洋生物学知识。然而，由于沙蠋细胞外血红蛋白发现者的求知欲，再加上机缘巧合，一次看似特殊的海洋生物学观察结果最终演变出一种新治疗工具。那位论文导师实际上属于一个对红细胞充满热情的小圈子。他在该学术圈提及这种血红蛋白的发现，随即引起熟知输血需求问题的科学家和医生的关注——他们多年来寻求人造血液代用品未果。

不过，这种细胞外血红蛋白治疗用途的首要开发目标并非血液代用品，而是移植（图 5.9）。事实上，沙蠋面临的阶段性缺氧与器官自供者体内被摘除到被移植至受者之间暂时脱离血液供给的情况高度相似：在这段缺氧关键期，沙蠋因其血红蛋白得以耐受，移植物则通过浸泡于低温离子溶液中得以保存。尽管此类离子溶液很有效，但是其多少有些复杂的配方并非总能避免早期移植物衰竭，这在肾移植中会导致重新透析，最严重的情况是移植物彻底丧失功能。此外，即便待移植器官保存良好，也受限于保存时长：心脏至多 4 小时，肝和肾的时间可稍长一些，但存在器官衰竭的风险，风险高低与其半体内（ex vivo）保存的时长大致成正比。例如，根据一份涉及 1784 次器官移植的综述，21.4% 的受者遭遇移植肾功能延迟恢复，而冷缺血的时长是该并发症的可预测诱因之一。为了优化移植（尤其是肾移植）结果，延长缺氧耐受时间十分重要，这能使器官的摘除－移植流程更顺畅，从而留出必要的时间进行优化供

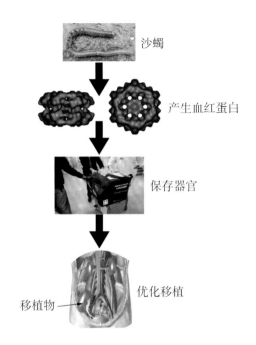

沙蝎

产生血红蛋白

保存器官

移植物 ← 优化移植

图 5.9　从沙蝎行为研究到肾移植

者和受者之间免疫匹配的检查。一个想法应运而生：将沙蝎的血红蛋白用作
这些保存（灌注）液的添加剂，从而把沙蝎在低潮期的生存利器赋予处于半体
内状态的器官。弗兰克·扎尔（Franck Zal）创立 Hemarina 公司的目标便在于
此。长期看来，该血红蛋白可用作血液代用品，尤其是在受创后立即为脑部供
氧——该适应证已引起美国海军的关注。无论如何，目前其首要适应证还是肾
移植：据法国生物医学署（ABM）的报告，2014 年进行了 3332 例肾移植，2015
年有 11 711 名病人等待接受肾移植。旨在评估该血红蛋白作为传统保存技术
添加剂的临床试验正在法国多家医学中心开展，该临床试验研究对象为 60 名
病人。除了纯粹的医学应用，人们已在考虑其他适用场景。

从理解天然免疫防御到治疗癌症

　　在抗癌治疗领域颠覆医学的另一个例子来自免疫学，该学科着重于描述、理解和操纵免疫系统，该系统包括负责对抗微生物等侵袭和癌症等内部病变以保护机体的所有分子和细胞。上一章已经介绍了免疫机制，接下来我们将揭示纯粹的免疫学基础发现是如何革新癌症治疗的。与所有生物系统一样，免疫系统的细胞通过其表面表达的受体与外界交流。仅仅在好奇心的驱使下，世界上许多免疫学实验室耐心地描述了一系列控制淋巴细胞活化的表面受体。这些免疫系统关键细胞的受体主要分为两大类，激活性受体和抑制性受体。前者可通过淋巴细胞激活免疫应答，后者则会阻断应答。在开展以上研究的同时，另一些实验室建立了流程，生成具有惊人效率和精度的靶向工具单克隆抗体。由于此类生物分子的制备工艺逐步被完全掌握，相关产品先是被用于阻断动物淋巴细胞的抑制性受体，随后被用于治疗人体晚期癌症。

惊喜就此发生：一些耐受既有药物的转移性肿瘤在部分患者体内逐渐消退甚至消失。2003 年，人们首次针对预后极差的黑色素瘤（皮肤肿瘤）和卵巢肿瘤等转移性肿瘤的病理开展临床试验：通过使用抗 CTLA-4 受体的封闭抗体，部分患者的病情得到控制（Hodi et al., 2003）。自此，由于用作药物的单克隆抗体对免疫系统重编程，一场医学革命如火如荼地展开了。此类分子使得治疗取得可观进展，尤其是在治疗皮肤黑色素瘤转移（接受相关治疗的患者有 38% 病情持久缓解）、肺癌或难治性霍奇金淋巴瘤方面。人们观察到单克隆抗体显著且持久的疗效：对化疗收效甚微的疾病来说，此类药物的过人之处毋庸置疑。

免疫肿瘤学这一新领域如今已然兴起，该学科旨在重编程癌症患者的免疫系统，使其更有效地攻击肿瘤。能阻断抑制性受体并恢复高效免疫应答的单克隆抗体被称作"免疫检查点抑制剂"（ICI）（图 5.10）。自 2014 年单克隆抗体 anti-CTLA4 被用于治疗耐受标准化疗法的晚期黑色素瘤起，其他 ICI 也陆续被提名为一线药物，尤其是针对淋巴细胞抑制分子 PD-1 或其配体之一 PD-L1 的单克隆抗体。对于治疗上呼吸消化道、结肠、膀胱、肾和卵巢的癌症，这些 ICI 取得的初步结果鼓舞人心。

正如科学界经常发生的情况一样，这种范式转变足够重要，以至于整个研

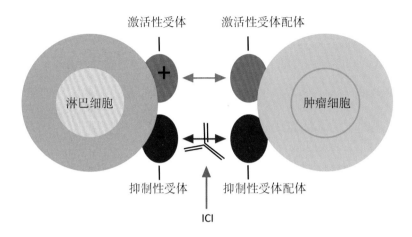

图 5.10　免疫检查点抑制剂（ICI）：抗癌新武器

ICI 是特异性阻断淋巴细胞抑制性受体的抗体，可恢复淋巴细胞的抗肿瘤特性。

究领域都向该新途径倾斜，但毕竟人们还未充分掌握相关范式转变，因此尚有相当大的进步空间，尤其在增加对此类治疗有反应的患者数量以及减轻不良反应方面。有待探索的途径包括寻找新的"免疫检查点"抑制分子，开发生物标志为患者提供个体化治疗，降低此类药物高昂的成本以免限制其使用。尽管前路漫漫，但奇迹就在前方——研究人员、患者、临床医生和企业家都有望成为奇迹的见证者。

4　未来的挑战

生物学是一门在 21 世纪经历着众多动荡的科学，如同此前的物理学和化学。对生命更为清晰的理解为许多潜在应用开辟了道路。

尊重人类健康和生态系统，开发未来的生物资源

生物圈，即地球所有生态系统整体，是所有生命共享的一大奇迹，是我们共同的财富，也是我们将留给后代的遗产。20 世纪的特点之一是高污染的工

业发展和受阻的自然环境保护之间有所失衡（IPCC，2014）。有害物质排放和气候变化构建的残酷现实使我们必须面对一番我们并不了解全部风险的历险，也是 21 世纪我们面临的一个挑战。这是一项浩大的工程：我们必须观察、测量并理解生态系统是如何运作以及如何被改变的，人类自身又是如何受到影响的，然后采取行动。在对我们社会至关重要的活动中，煤炭、石油和天然气等化石能源的开采是影响生物圈生物平衡和化学平衡的重大干扰源之一。

我们现在和未来应如何管理化石燃料的开采？有哪些备选方案？地下的碳氢化合物是被掩埋超过 3.5 亿年的生物质的残留物。它们是通过"光合作用"形成的：光合生物（细菌、藻类、植物）借助光能捕获空气中的二氧化碳气体，合成各种构成生物质的有机分子。煤炭、石油、天然气燃烧时释放被封存的二氧化碳，造成了如今我们所知的不可逆的大气失衡。这些碳氢化合物的储量日趋耗尽，而我们却变得依赖它们。

植物和藻类的栽培以及相应生物质的产出带来了一线希望：这种生物质燃烧时排放的是碳中和的二氧化碳，因为大气中的二氧化碳被植物通过光合作用吸收了。植物和藻类是生物资源的一部分，是我们应当在保护其可持续性的前提下尽可能利用的原材料。对于栽培植物，生物资源包括因其传统用途（食物、木材、造纸纤维、纺织纤维等）而被开发的部分，也包括从前被视作废弃物的部分。业界在优化尊重环境和社会关注的可持续农业生产的同时，大力开拓农业资源全新应用领域，不仅仅是生物燃料，还有绿色化学（利用可积累重金属的植物去污染，基于平台分子合成更复杂的工业用分子如石油替代物、颜料、润滑剂、防腐剂、添加剂等）和生物医学（维生素、用于治疗囊性纤维化等病的酶、抗疟疾药、ω-3 脂肪酸之类的膳食补充剂等）。藻类也是一种前景广阔的资源，因为它们不会与供人类食用的作物产生竞争（Marechal，2015）。能开辟多种新机遇的微藻是极具意义的范例，因为它们既可用作绿色化学和医学的细胞工厂，亦可为生物燃料提供来源（图 5.11）。不过，藻类的可用生物质（特别是油脂）的产量还需要提高好几个数量级。为了实现以上目标，需要创建全新的农业和生物技

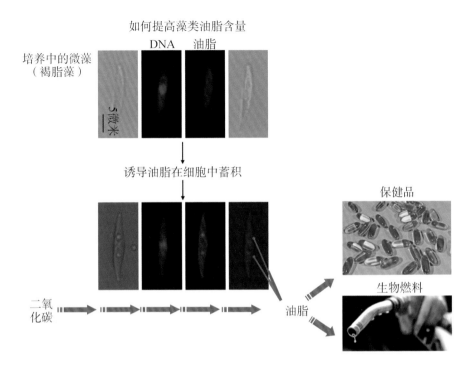

图 5.11　落射荧光显微镜观察到的微藻

借助 DNA 和脂质的荧光染料，该光学显微镜能将细胞核（蓝色部分）和脂滴（红色部分）可视化。

术实践，以及结合农业、藻类养殖、生物能源和绿色化学的产业。

　　关于碳氢化合物的利用，当前浮上水面的不仅是开发替代物以防化石燃料耗尽的问题。随着大规模开采碳氢化合物用于石油化工业，越来越多分子被创造出来，其中大部分没有得到充分毒理学评估就上市了。很多化合物，如滴滴涕（DDT）、二噁英、衍生自塑料的对羟基苯甲酸酯，都被证实是对人体健康和生物多样性有害的持久性污染物。以甲状腺病为例，波及所有动物的内分泌失调的情况正急剧增多。如今，美国《有毒物质控制法》（TSCA）的清单上有 85 000 个产品（Trasande，2016），而且该清单并不包括农药、众多食品添加剂或化妆品。结果如何？环境和我们的身体遭受着前所未有的污染，同时

生物资源的挑战

挑战

· 理解、测量有害物质释放和气候变化对生态系统和健康的影响，并采取行动。

· 推出化石燃料的替代方案，碳氢化合物开采既是全球变暖的主要驱动力，也是众多污染物的来源。

制约

· 控制有害物质的排放，了解人们暴露于有害混合物的影响。

· 利用植物资源和藻类资源，发展经济上可行的化石燃料可持续替代物。

· 创建多样化用途（饮食、生物医学、生物能源、绿色化学）的农业和藻类养殖业。

一些非传染性疾病如糖尿病、癌症、不孕不育和孤独症之类的神经发育疾病激增。受影响最深的是年轻的世代，因而让社会付出了莫大的代价：就欧盟而言，每年相关开销超过 1500 亿欧元（Bellanger et al., 2015）。21 世纪的重大创举之一是创建了"暴露组"（exposome）的概念，以盘点一个人从受精卵到死亡暴露于环境中各种化学分子的情况。通过结合实验研究和流行病学研究，我们有望从暴露组中鉴定出对健康、对生物多样性平衡危害最大的分子。暴露组中诸多分子都衍生于石油化工业（如增塑剂和农药），并且有记录表明这些分子是内分泌干扰物。如今，越来越多人意识到，农药、防腐剂和一些日用品中的分子对内分泌系统有干扰作用，还令社会在神经发育疾病、智力障碍方面付出巨大代价。因此，有能力探测并测量此类干扰物至关重要：由芭芭拉·德默内（Barbara Demeneix）创建的巴黎 WatchFrog 实验室（www.watchfrog.fr）开发了一种创新技术，利用荧光蝌蚪和鱼类鉴定、测量这些分子。

该应用源于对甲状腺激素的研究，这类激素在内分泌系统中发挥重要作用，协调着所有脊椎动物发育过程中的一些关键阶段。婴儿如果在发育关键时期缺乏甲状腺激素，就会变得"头脑简单"。其生理作用包括在细胞水平精确控制激素的激活或失活，以及直接或间接调节上游基因转录（后一种情况下发挥作用的是表观遗传机制）。现今面临的重要问题之一是，理解在依赖甲状腺激素的关键发育阶段，器官再生的能力为何会丧失？不会发生显著变态的斑马鱼在其一生中都可以再生心脏，而蝌蚪只有在变态前能再生器官；新生幼鼠可以再生心脏，但是仅限于出生后数天内，即其血液中甲状腺激素尚未达到峰值期间。甲状腺激素如何改变和锁定基因表达以阻止再生？解决该问题对社会而言是一项重大挑战，能为所有需要修复受损组织的疾病开辟新疗法。

从基因组学到后基因组学时代

1990 年代初，基因组作图工具的出现使得探索并理解遗传病成为可能。这个遗传学新时代为个体化的预测和预防医学开辟了道路。实际上，通过研究表型 – 基因型 – 功能的关系，即整合多种临床、遗传和生理数据，可以实现对患者的风险分层，从而根据病例确定从简单预防到精细治疗的护理策略。

于 1960 年代被描述出来的长 QT 间期综合征（其名称意指心电图上 QT 间期延长）是一种会导致年轻患者猝死的遗传病，该疾病的研究史可视作我们所面临前景的一个简化模型。在基因组绘图工具发展刚起步的 1991 年，人们鉴定出与此病相关联的首个基因组片段。很快，与之相关的主要基因都被鉴定出来，使人们得以重新审视该疾病的分类。这些基因编码若干离子通道，即加速某些离子进出细胞的膜蛋白，对细胞生理十分重要，因此研究正常通道和突变通道可以更好地理解该疾病的机制。研究还表明，其中一个基因编码的一种蛋白质曾是许多药物共同的严重不良反应（心源性猝死）的首选靶点。该发现促使药物管理机构要求所有新药在临床开发前都必须通过该离子通道测试。对患者父母突变情况的研究有望在预防方面带来重大益处。护理、诊断、预防和个体化治疗改变了该疾病：不到 10 年的时间内，已确诊患者的死亡率从大约 12% 降至几乎为零。

在此期间，对一些罕见病和癌症的基因组解码表明，我们过去所说的每种疾病事实上是由众多表型相近的疾病子集构成的，其治疗靶点和治疗手段甚至预后截然不同，因此完善分子诊断变得极为重要。通过整合临床数据和分子数据，可以将风险分层并实施个体化护理。这便是基因组医学的前身，它预示着未来的医学。

展望未来 20 年比较难，但受益于早期诊断和预防，全民健康长寿的可能性正渐渐显现。未来的挑战是提升复杂性的尺度，把罕见病的治疗策略广泛应用于常见病。

距离首次破译人类基因组 15 年后，随着高通量生物分析技术（组学）的发展，我们见证了关于生命认知、生命研究可能性的迅猛发展。组学技术的成本呈指数下降，其性能则呈指数上升。例如，在 2000 年代初开展的首次人类基因组测序的费用高达 30 亿美元，且需耗时数年；而如今有了高通量二代测序技术（next-generation sequencing），测序成本不到 1000 美元，并且仅数小时便可得到结果。二代测序技术不再局限于分析 DNA 序列，还被运用于分析基因组表达的全部调节机制，尤其是涉及表观遗传学的机制。

所有这些进步都宣告着生物医学研究领域的一场革命，从护理到预防，为所谓的 4P 医学，即预测性（predictive）、预防性（preventive）、个体化（personalized）和参与性（participatory）医学，开辟了道路。这不仅将深刻改变我们的卫生系统，还将改变生物医学研究的组织。事实上，如今我们有理由相信，未来将有可能鉴定个体风险、理解导致慢性病发展的复杂机制、提供预防性护理，以及进行早期靶向治疗。

后基因组学时代的挑战和制约

挑战

· 利用海量数据鉴定诊断标记、预后标记和治疗靶点。

· 将生物医学研究与众多数字化领域——从海量数据的存储和解释到联网设备的开发——相结合。

制约

· 研究组织：需要收集、分享、整合和利用众多数据库，如临床数据、生物学数据、影像学数据、环境数据等。

· 培训：必须发展新职业，如生物信息技术和生物统计学、基因组医学等。

· 卫生系统：必须深入思考后基因组医学的筹资模式，此种新型医学的目标更多是预防而非治疗，以便通过维持个体健康来缩减成本。

· 社会影响：对于预测医学和预防医学的发展，以及众多数据库的利用，需要围绕伦理和监管方面进行多学科的集体反思。

未来机器人学的解决方案藏于大自然

以下例子阐明了从生物学迈向机器人学的非凡知识转移。马赛一家实验室的研究人员通过人们熟悉的苍蝇获得了灵感。他们尝试理解这种飞虫如何避开苍蝇拍。苍蝇可被视作一种灵活的微型飞行器，其脑内有着上百万个神经元，可以在未知且无法预测的环境中通过视觉导航。从光学和神经学角度而言，苍蝇的眼睛和视觉系统十分精妙。关于这种生物的研究成果巧妙地证明了如下事实：有视觉的生物所特有的感觉运动反射尽管难以预测，但只要相关理解愈发透彻，就能通过机器人再现和动物身上一样的作用。最近 30 年的研究成果表明，存在专门控制运动的神经元，其功能在于测定视网膜图像的滚动速度，也就是所谓的"光流"。通过将此类神经元的操作图刻录成微电路，研究人员制造出了创新的视觉传感器，配备此种传感器的地面机器人和空中机器人能够辨别方向、避开障碍物，并且敏捷性能不断优化。此类仿生机器人的制作灵感源自生物，其额外优点在于它们可以反过来揭示相关动物的行为。2013 年，一支欧洲联合研发团队从果蝇的全景视觉获得灵感，研发出全球首个功能性人造复眼 CurvACE（curved artificial compound eye），未来可应用于无人机、航空安全或主权空间监视等领域（图 5.12）。

在未来数年里，我们可以期待电生理学研究和神经成像技术催生众多所谓的神经形态电子器件，以微电路的形式模拟无脊椎动物或脊椎动物（包括人类）的神经回路。机器人学、技术发展和生物学之间的联系日益紧密。

图 5.12 名为 Beerotor 的机器人
该飞行机器人不仅能避开障碍物，还可以调整速度，这多亏了它配有灵感源于昆虫眼睛的视觉传感器。

植入式共生机器人取代衰竭器官？

以前列腺切除术导致的继发性尿失禁为例：前列腺切除术是前列腺癌的标准治疗手段，其中约 10% 的病例，即全球每年有数万患者在术后会发生尿失禁。目前唯一的根治方案是植入人工尿道括约肌，但使用起来实为不便（患者须打开泵管方可排尿），并且临床病例中有 30% 的人工括约肌在使用三年后便丧失功能。于是一种替代方案被提出：设计一种尽可能忠实再现天然括约肌功能的机器人。此种机器人配备的传感器可评估患者活动或能探测可引起膀胱压力激增的事件，如咳嗽。机器人可据此决定对尿道施加的压力水平，尿道周围有一个装置可将尿道压缩至符合患者需求的程度（足以控制排尿，又不至于过分挤压脆弱的组织）。这样的机器人应能够常年运行。然而，不断调整压力水平需要机械功，这意味着此类机器人能耗远超起搏器（最简单版本的机器人功率为 100 微瓦，复杂版本的功率甚至超过 500 微瓦，而起搏器功率只有 10—40 微瓦）。因此起搏器的密封电池不足以支撑最高性能版本的机器人。研究人员转而将目光投向葡萄糖生物电池（图 5.13）。这类装置的灵感源于人体将葡萄糖用作燃料的方式：在线粒体参与的呼吸过程中，一系列酶促反应将电子从葡萄糖剥离并传递给氧气。葡萄糖生物电池便是基于类似方式，通过偶联两种酶促反应，将阳极的电子转移到阴极，一块容量 1 毫升的生物电池可为额定功率 500 微瓦的自动化人工括约肌供电。目前的主要挑战是，给生物电池包裹具有生物相容性的纳米多孔聚合物。该保护层的多孔性至关重要：一方面，生物电池的内容物应处于封闭状态，因为酶是蛋白质，若扩散到细胞外液可能引发免疫反应；另一方面，葡萄糖和氧气也必须进入生物电池以确保能通过酶发电。而生物相容性需要做到，既对宿主没有负面影响，又能通过吸附各种小分子来避免保护膜"结垢"。历时 9 个多月的相关"体内"研究取得令人振奋的结果，为生物电池植入后在体内长期运行带来了希望。

配备葡萄糖生物电池的植入式机器人的自主能力很值得研究。就其行动而言，植入式机器人的传感器、嵌入式智能以及效应器可使其完成设定任务，如果机器人具备自动学习能力，甚至能愈加完善地完成任务。然而，植入式机器人实际上受患者和医生的双重控制，例如，患者自主决定何时排尿，医生在应诊时通过远程连接软件设置参数"调整"机器人。在能源方面同样如此，这种机器人只有在机体确保其燃料供给并为其清除废物的情况下才能实现自主。因此，它依赖于人体。但反过来说，我们也可认为人体依赖于机器人，因为后

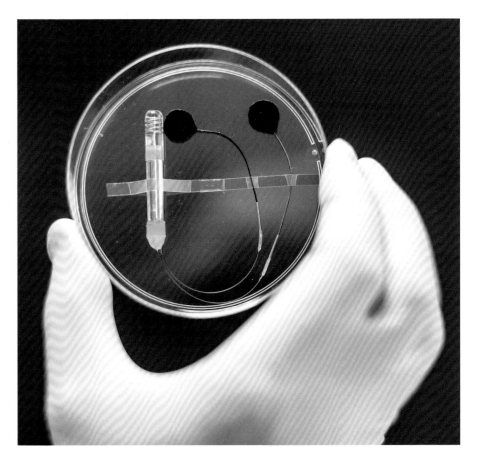

图 5.13　葡萄糖生物电池

该植入式生物电池与一个可远程传输它"在体内"的性能特征的装置相连接。电池能源是通过酶促反应产生的电流。

者为人体执行了重要的功能（如控制排尿），甚至是生死攸关的功能（以使用起搏器为例）。因此"有机体 + 机器人"组合是一种共生关系，在该关系中，两者都为对方提供有用的服务。

　　这就涉及"植入式共生机器人"的概念了，该概念在众多病理学领域有着广阔的应用前景。尤其是，我们可设想一些肠道共生机器人，将它们设计为通过肠道内容物获取运行所需能量从而可在肠道内部"生活"，其任务是清除一些分子（如肥胖症患者过多的葡萄糖）、产生另一些分子（如影响饱腹感的肽），或者调整微生物区系（通过改变局部理化条件，如 pH，对细菌施加选择压力，促进有利于预防甚至治疗多种疾病的细菌生存）。因此，植入式葡萄糖生物电池或许会是未来植入式共生机器人家族的首个成员。

　　在另一个与神经系统变性疾病相关的领域，伴随着电子学和纳米技术的进步，现今已经能为患者提供微型的智能多任务医疗设备。格勒诺布尔一支由神经科学家和神经外科医生组成的团队的工作为该领域的发展开辟了道路。他们的成果首次证明，高频电流刺激神经对治疗帕金森病最严重的致残症状有效，而传统药物没有任何效果。借助纳米技术，研发实验室正在制备最新一代植入物。此类植入物为患者提供了前所未有的康复可能性，通过首批脑机接口，为截瘫者甚或四肢瘫痪者带来真正的希望（图 5.14）。利用干细胞或其分泌的干细胞因子，"再生医学"还有可能开辟其他治疗途径：激活内源性修复途径，即存在于患病器官内部、需要加以刺激才能发挥疗效的修复途径。

三维打印和人造器官：仿生学的极端形态

　　三维打印（3D printing），又称增材制造，指的是通过计算机驱动程序逐层打印材料。实施需要分为两个阶段：第一个是设计阶段，第二个是实际制造阶段，两个阶段都由计算机辅助完成。最初，三维打印用于制造各种各样的原型。如今，它也被应用于工业以批量生产零件。三维打印还普及至修复医学，有助于定制个体化假体。其原理是通过医学影像获取待置换的受损部位的数

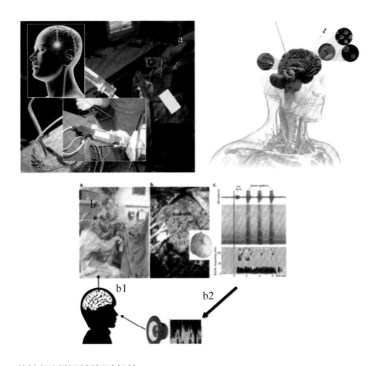

图 5.14　从神经刺激到创新脑机接口

a. 脑深部神经刺激对改善帕金森病以及其他神经系统疾病的症状有重大作用。得益于微纳米技术衍生的新材料，更有效的治疗得以进行，这也是捕捉相关病理机制蛛丝马迹的一个机会。b. 脑机接口：电极可以捕捉脑电活动并对其持续解码，从而控制一种可补偿四肢瘫痪抑或言语障碍者残疾状况的效应器（b1. 记录言语区的脑电活动；b2. 将电信号翻译成文字从而控制语音合成器）。

据，随后基于数据定制假体。美国一些医生还通过三维打印生物可吸收聚酯，定制了若干气管植入物（夹板），用于治疗（支）气管软化重症患儿——此类患者因气管"柔软"导致管腔塌陷，难以正常呼吸。首名得到相关治疗的儿童于3岁接受了植入手术，其植入物正被顺利吸收且没有任何不良反应（Zopf et al., 2013）。

　　如果说三维打印惰性材料定制个体化假体可取代模塑和机械加工技术，那么该技术最复杂的用途是打印生物材料，或说生物打印。打印惰性材料的三维打印和打印活物的生物打印之间有一显著区别，即后者要考虑生物模样会根据时间、环境和打印的模样而演变（Gao et al., 2016）。这一点又把一个仍未解决的难题摆上了台面：再生某个组织，要达到什么样的组构水平？换言之，应当不惜一切代价打印一个成熟的器官，还是可以单单再造一个器官的大致轮廓，确保它能在原位演化至其最终版本即可？美国一支团队的研究人员证明，有可能"半体内"打印出尺寸与临床使用相兼容的仿生人体组织。他们制作出一份形态与缺损部位相适应的下颌骨、一块颅骨、一块植入大鼠体内后对电刺激有反应的横纹肌，还有一块形状复杂的耳软骨（Kang et al., 2016）。

最后，再生医学还运用了另一种方法，即原位生物打印，包括直接在损伤部位打印细胞、基质或生长因子，以促进组织再生（Keriquel et al., 2010）。该方法的优势在于，规避了漫长、昂贵且被污染风险很高的"体外"成熟阶段。如今，仿生学还只局限于运用一些细胞组分或关键基质组分促进组织再生。随着技术的进步，研究人员很可能会把不同的手段结合起来，有朝一日至少可以对部分器官，如肝或肾，进行量身再造。

总结

我们给出的以上事例印证了研究人员的好奇心是如何带来新发现的。新发现会催生新的应用，而科学史告诉我们，这些新应用通常是惊人且不可预测的。正因如此，继续探索生命的各个方面十分重要，而且，为了迎接我们面临的挑战，跨学科性是不得不考虑的关键。

跨学科性：优势与必然性

进步往往是各领域专家协同一致、精诚合作的结果。跨学科合作硕果累累，成功事例不胜枚举。过去十几年来，通过进一步理解水下动物、陆生动物和空中动物的移动方式，人们造出了众多机器人，如机器鱼、类人机器人。然而，运动的组织与运动的感知密不可分，这也促使人们基于神经行为学开展了众多与之相关的研究，如对蜜蜂导航或胡蜂头部稳定性的研究。事实上，所有感官模式都涉及其中：从人类的触觉、蝙蝠的听觉、蝴蝶的嗅觉到鱼的电感，所有这些都处于神经科学和信息物理系统的交界处。运动和知觉之间的关联无疑是一种跨学科性的范例，它能为一些基础科学问题提供答案，而这些问题长期来看，往往是创新的源泉。

生命科学与信息科学的结合有助于设计新计算装置和新工具，从而帮助人们理解复杂的数据。前文提及的关于理解大脑的研究便是其中一例。

生命科学与能源工程和化学的合作丰富了受生物启发的新能源研究，微藻和葡萄糖生物电池的例子就说明了这一点。

生命科学与人文社会科学的交互使我们得以更好地理解表观遗传学效应，并为提高个体一生的福祉开辟了广阔前景。21 世纪的一大挑战将是为生物学与人文社会科学的上游交互提供手段，以便相关科学家在拥有正确工具的情况下提出必要的反思。通过结合生物学研究与法律、社会学、心理学、哲学、历史学等学科的贡献，我们可以更好地分析当前或未来的挑战和转变，这样一来，就能更好地作出关键性选择（如风险和收益方面的抉择），并进行更中肯的相关生物伦理反思。

为了未来的发现，生命科学领域的研究人员应当接受广泛的培训，既要包括传统的生命科学，亦要涉及一些新领域，如信息科学、数学、人文社会科学、化学和环境学。

我们面临的挑战

发展用于观察生命的技术是认知进步的基础。我们已经看到，如今可以在原子尺度上分析细胞，或穿透器官以追踪生物分子。下一步便是生命的动态（时空）定量显像，以便追踪生物分子以及它们在生物细胞内复杂环境中的动态，并对该动态实时定量，进而采取可能的行动。

关于后基因组学时代，首个人类基因组测序表明，遗传学和基因并不能解释一切，尤其是无法解释多样性的起源，或如何整合环境的影响。我们身体的所有细胞都有着同样的 DNA，携带同样的遗传信息，而肝细胞与神经细胞却截然不同。由此我们得知，在某个既定时刻，细胞并没有使用其拥有的全部遗传信息；表观遗传学对此提供的解释表明了环境如何在调节基因表达方面发挥作用，从而指示细胞应当读取哪些信息。很快我们又发现，表观遗传学也不能解释一切。对代谢组和肠道微生态的研究正在为新的解释添砖加瓦。此外，这些新技术正在产生简直要把我们淹没的海量数据，从而会促进一些创新手段发展以整合所有数据。这就意味着，我们必须与新学科建立关联。例如，机器学习（machine learning）提供了用于提取"大数据"精华的工具。但我们不能仅仅盲目提取数据。相反，我们应当设置可以对收集的数据进行智能分析的工具（从"大数据"到"智能数据"），而这正是我们需要与数学、计算机科学等学科进行交互的绝对必然性所在。

就我们感兴趣的"生命奇观"而言，本书所谈都是从对自然现象的观察和利用中汲取教诲的绝佳印证。与所有发现一样，上述内容也有其偶然性；但我们不会忘记巴斯德的名言："在观察领域，机遇只偏爱那些有准备的头脑。"未来充满奇迹，向 21 世纪前进吧！

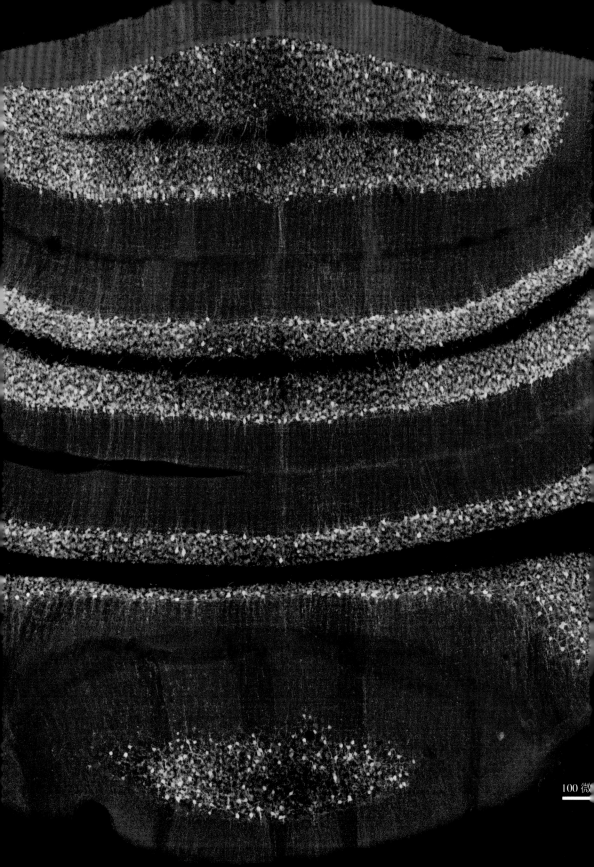

100 微

◀ **小鼠的小脑**

这一共焦显微镜下的小脑皮质切片是小鼠的部分小脑神经组织。该组织的各种细胞（浦肯野细胞、Glyt2 型高尔基细胞、神经颗粒蛋白型高尔基细胞）分别以红色、绿色、蓝色标记。小脑在姿势控制、平衡、随意运动的学习和一些认知功能中起着重大作用。研究人员发现，小脑神经元网络的一种功能性组构在不同动物之间高度保守，但可以随时按需调整。此类神经元网络使得小脑皮质中相距较远的区域可以相互交流，并保持动态联系。

术语表

DNA（脱氧核糖核酸） 由两条反平行核苷酸链盘绕组成的双螺旋结构核酸。其单体为脱氧核苷酸，包括一个磷酸基因、一个含氮碱基［腺嘌呤（A）、胞嘧啶（C）、鸟嘌呤（G）或胸腺嘧啶（T）］和一个与其相连的戊糖（脱氧核糖）。DNA 包含所有遗传信息，即所谓的基因组。

DNA 测序 确定 DNA 特定片段核苷酸链序列（指 A、T、G、C 这 4 种碱基的排列顺序）的技术。自 1970 年代出现之后，此类技术已取得巨大进步。目前广泛使用的是高通量测序技术（又称二代测序技术），诞生于 2005 年，一次便可测定数百万条 DNA 的序列，并且成本极低。

DNA 复制 通过 DNA 聚合酶合成 DNA 副本的过程。该机制可以由一个 DNA 分子获得两个与亲代分子一致的分子。复制发生于细胞分裂之前，在细胞分裂过程中，复制产生的每个 DNA 分子由分裂生成的两个子细胞之一继承。

LUCA（最近普适共同祖先） 可追溯的最古老生命，也是三大细胞谱系（古菌、细菌和真核生物）的共同祖先，因此地球上现存的所有生物都是其后裔。注意：LUCA 并非地球上最早出现的生命形态。在此之前很有可能就已出现生命，并产生了多个谱系，只不过除了 LUCA，其他谱系都已灭绝。

RNA（核糖核酸） 由线型聚合物形成的核酸。其单体为核苷酸，包含一个磷酸基因、一个碱基［腺嘌呤（A）、胞嘧啶（C）、鸟嘌呤（G）或尿嘧啶（U）］和一个与其相连的戊糖（核糖）。RNA 通常是在细胞内以 DNA 为模板合成的一个副本，主要用于合成蛋白质。所谓的信使 RNA 就是这种情况，它也被称作编码 RNA，因为其序列会被翻译成蛋白质。还有众多 RNA 是所谓的非编码

RNA，它们不合成蛋白质，而是执行其他细胞功能。

氨基酸 含有一个羧基（–COOH）和一个氨基（–NH$_2$）的有机化合物。在生物学上，氨基酸至关重要，蛋白质便是由一系列氨基酸通过肽键连接而成的。

半体内（*ex vivo*） 从活的生物体中提取细胞、组织或器官并于活体外进行观察或操作。另见"体外"词条。

被子植物 有花植物，即能结果并产生种子的植物。

病毒 具专性细胞内寄生性的感染原（或寄生于其他病毒），没有核糖体，不具备分裂能力，其组构与细胞不同。

捕食 一个生物（捕食者）通过捕获并进食另一个生物（猎物）来获取营养的现象。

程序性细胞死亡 见"细胞凋亡"词条。

大分子 非常大的分子。由相似的化学单体通过共价键形成的大分子被称作聚合物。核酸、淀粉或纤维素等多糖以及很多蛋白质都是大分子。

地外生物学 研究地球、太阳系其他星球以及系外行星可能导致生命出现并进化的各种因素和过程的科学。

毒效应 毒物本身或其代谢产物在作用部位达到一定量并停留一定时间后，与组织大分子互相作用而产生的毒作用。

多度 表示一个种群在群落中个体数目的多少或丰富程度的指标。

多肽 见"肽"词条。

发育生物学 该学科研究从卵细胞到成年个体的全部遗传和细胞过程：细胞增殖和生长、细胞迁移、细胞分化、变态。

翻译 核糖体基于信使RNA（其自身也基于DNA合成，是DNA的副本）包含的遗传信息和转移RNA提供的氨基酸，在细胞质中合成蛋白质的过程。

反转录病毒 含有反转录酶的RNA病毒。反转录酶可将RNA基因组转录为DNA，随后该DNA被整合到受感染细胞的基因组中。

浮游生物　泛指所有因缺乏游泳能力而随波逐流的小型水生生物（体长不足 1 厘米）。浮游生物缺乏有效移动能力，因而随水流漂流。浮游生物包括众多单细胞生物、病毒、小型动植物……

感染原　侵入机体可使之患病的生物。如细菌、病毒、寄生虫等。

高通量筛选　可以快速从成千上万个成分中鉴定所需化合物的技术，如从一个基因组或多个基因组中鉴定所需基因，从包含数千个分子的化学库中鉴定所需分子。

共生　两种生物密切且持久地生活在一起的现象。狭义的共生指对双方都有利的共生，且往往是专性共生，即共生的两种生物或两种中的一种不能独立生存。

古菌　单细胞原核微生物，与细菌和真核生物都大不相同。古菌一部分特征与真核生物相似（复制酶、翻译酶、基因组组构等），但另一部分特征与细菌相似（没有细胞核与细胞器），并且古菌具有细菌和真核生物都不具备的代谢途径。嗜极生物中有很多是古菌，不过也有很多古菌生存于非极端生境。

光控遗传修饰技术　借助光纤向脑部植入能被特定波长激活的视蛋白的编码基因，使得部分神经元对光敏感的研究方法。该方法能按需刺激特定的细胞类型，且不会影响周围的细胞。

硅藻　单细胞微藻，具硅质细胞壁，生活于淡水或海洋中，浮游或着生。

核苷酸　由含氮碱基、戊糖和磷酸基团组成的分子，是核酸的基本结构单位。DNA 中的碱基有腺嘌呤（A）、胞嘧啶（C）、鸟嘌呤（G）和胸腺嘧啶（T）；在 RNA 中，胸腺嘧啶被尿嘧啶（U）取代。

核酸　由一系列核苷酸通过磷酸二酯键连接而成的聚合物。核酸有两种：DNA 和 RNA。

核酸序列　构成 DNA 或 RNA 的核苷酸排列次序，其中包含遗传信息。通过测序技术可确定相关排列顺序。核苷酸通常以各碱基的代表字母（A、G、C、T 或 U）表示。

核糖体 由蛋白质和 RNA 构成的大分子复合物。原核细胞和真核细胞中的核糖体不尽相同。核糖体通过破译信使 RNA 序列中的信息参与蛋白质的制造。转移 RNA 为核糖体提供氨基酸以促成肽链的生成和延伸。

宏基因组 指对提取自复杂环境（海洋、肠道、土壤等）的样本中不同物种的 DNA 直接测序，所得到的所有基因组。

互利共生 两种生物生活在一起，双方都可从该共生中获取特定利益的现象。

坏死 创伤、感染或中毒导致细胞过早地非程序性死亡。坏死与细胞凋亡不同，后者作为有组织的细胞自杀形式，是一种有益且受控的生理过程，而坏死不受机体控制，可能是有害的。

基因组 以 DNA（部分病毒是 RNA）形式存在的一个个体或物种的所有遗传物质，包括基因和使基因得以表达的非编码序列。

基因组学 研究基因组的科学。

寄生 两种生物生活在一起，作为寄生物的一方通过损害另一方获取特定利益。对寄生物而言，这一共生方式往往是专性寄生，即必须依靠寄主生物才能生存。

聚合酶链反应（PCR） 基于极少量的特定序列，借助聚合酶大量扩增 DNA 或 RNA 序列的方法。该方法革新了分子生物学，其发明者凯利·穆利斯（Kary B. Mullis）因此于 1993 年被授予诺贝尔化学奖。

菌根 微型真菌和植物根系之间的共生联合体。真菌从植物通过光合作用产生的糖分中获益；植物通过根部的真菌获取水分和矿物盐。

抗生素 可杀死细菌或抑制细菌生长的物质。

抗体 由免疫系统中的浆细胞分泌的复杂蛋白质，可特异性识别并中和病原体。

抗原 可引发有机体免疫反应（如产生抗体）的外来物质。

克隆 克隆可以指两种过程。第一种是自然或人工增殖一个完全相同的生命，即所有后代（克隆）都保留同样的基因组。克隆对象可以是单细胞生物，也可以是多细胞动物或植物。第二种是指通过微生物诱导 DNA 片段的增殖。这是一种分子生物学技术，涉及分离一个 DNA 片段并将其插入一个被称作载体 DNA 的载体分子（往往是病毒或质粒的小型环状 DNA 分子），随后该载体被引入细菌中。通过细菌的增殖就可实现所需 DNA 片段的扩增。

流行病学　该学科研究影响人类和（或）非人类群体的疾病，涉及疾病的分布、发病率、危害和严重性等。流行病学研究有助于找到干预和预防相关疾病的方法。

裸子植物　与被子植物不同，这类植物裸露的胚珠着生于大孢子叶，并没有包裹在花朵之中，而大孢子叶会聚生成能繁育的大孢子叶球（俗称的"球果"）。裸子植物大多为针叶树。

酶　具有催化特性的蛋白质，可催化生物体内的特定化学反应。值得注意的是，一些 RNA 如核酶也具有催化特性。

免疫力　有机体通过免疫系统抵御外来异物（病毒、细菌、寄生虫、外源分子）的能力。免疫系统由多种不同类型的细胞组成，可识别"自我"和"非我"，并消除或中和"非我"。存在一种非特异性免疫，叫作"固有免疫"；还有一些特异性防御机制，叫作"获得性免疫"。免疫学是研究免疫系统的科学。

偏害共生　共生的多种生物之间的交互对其中一种或多种生物有抑制作用，而其他共生体不受影响的现象。

偏利共生　两种生物生活在一起，其中一方可在不影响对方的情况下从后者那里获取特定利益（通常为食物）的共生现象。

前生命化学　研究地球生命出现之前时期的化学学科。

热液烟囱　见"热液源"词条。

热液源　温度远高于周围海水的高温流体的出口，通常位于洋中脊或俯冲带附近的火山弧背面。热液烟囱是热液源流出的热液遇到低温海水后，矿物质不断沉淀形成的同心环状构造。"黑烟囱"沿着洋中脊的脊线形成，排出的流体温度超过 300℃。"白烟囱"排出的硫酸钙温度相对较低（200—300℃）。

人科 灵长目下的一科，包括黑猩猩（含倭黑猩猩）、大猩猩、猩猩和人类。

人类中心论 一种把人类视作宇宙中心的思维模式，认为一切事物都与人类相关联，且只从人类视角理解现实。

人亚科 人科下的一亚科，包括人类、黑猩猩和大猩猩。

认知 感知、处理和使用信息的能力。该能力须经历一系列与知识有关的心理过程，如记忆、语言、推理、学习、问题解决、决策或注意。

蛇纹石化 热液流经洋壳造成的热液蚀变，涉及海洋岩石圈矿物质的氧化作用和水合作用，导致海洋岩石圈橄榄岩中的橄榄石和辉石变成蛇纹石。引申而言，洋壳所有潜在组分都会发生热液蚀变。蛇纹石化反应提供了能量、有机物和密闭的场所，这可能促进了地球生命的涌现。

生物过程 生物体维持自身功能完整性和与环境因素相互作用的动态过程。

生物膜 本质上是一类微生物（细菌、真菌、藻类或原生动物）群落，其中的微生物由于自身分泌的黏性物质而相互粘连并共同附着于一个表面。

适合度 描述一个个体存活和繁殖方面能力的标准，是一种自然选择的衡量指标。

嗜极生物 此类生物的正常生活条件（温度、压力、酸度、盐度、放射性等）对于大多数其他生物是致死性的。嗜极生物中有许多是古菌或细菌，但也有一些是单细胞或多细胞真核生物。

噬菌体 又称细菌病毒，是一类只感染细菌的病毒。

水平基因转移 基因从一个有机体转移到另一个非后代有机体的过程，目标有机体不一定是同物种，但交换遗传物质的两个有机体之间往往是具备某种亲缘关系的。单细胞生物之间经常会发生这种基因转移，而多细胞生物也可通过病毒、细菌、古菌、真菌等获取水平转移的遗传物质。

肽　由少数氨基酸（从两个到数十个不等）通过肽键连接形成的聚合物。氨基酸数量较多的肽被称为"多肽"。蛋白质由一个或多个多肽装配并折叠成三维结构，其中部分氨基酸经过化学修饰。

体内（*in vivo*）　在活的有机体内部进行观察或操纵。

体外（*in vitro*）　在生物体外观察或操纵生命组分（分子或细胞）。"体外"和"半体内"的区别很微妙。"半体内"实验对象通常是提取自生物体内的组分，没有经历修饰且立即被使用。而"体外"实验的生命组分（如细胞系）并非直接从生物体内提取，而是经过研究人员长期培育、繁殖和（或）修饰才获得的。

微流控　该技术涉及流体穿过微通道的行为研究，以及基于分析或制备目的设计并生产微流控装置。微流控系统是名副其实的"生物学微处理器"，由于其组件微型化，可取代笨重且昂贵的仪器，研究并分析生物学样本。

微生物区系　指共生于多细胞动物或植物体内特定环境中的微生物（细菌、古菌、病毒、真核微生物）群落，例如，小肠和结肠存在肠道微生物区系，又称"肠道菌群"。

稳态　指在外部环境变化的情况下维持有机体内部平衡的特性。

系统发育　相关研究反映的是生物之间的亲缘关系，可用于重建现存生物的进化过程。

系统化学　关注以系统尺度描述的化学，它整合了分子间的反应性和非反应性的相互作用。系统化学有助于发展可刺激的自适应多功能化学系统。此类人工系统（"智能材料"）的多种特性的灵感源于生命系统（代谢、突变、自复制）。

系外行星　位于太阳系之外的行星。

细胞凋亡　又称程序性细胞死亡，是细胞根据一种信号启动并执行自毁行为的过程。

细胞核 真核细胞特有的细胞器，由带孔的双层膜包围，内部含有细胞大部分遗传物质（DNA）。细胞核主要功能是储存核基因组、复制遗传物质和转录出基因表达所必需的 RNA。

细胞器 细胞内部具有特定功能的分化结构，如细胞核、线粒体、叶绿体、核糖体，等等。

细胞质 对于真核生物，是指除细胞核外的细胞内容物；对于没有细胞核的原核生物，则指所有细胞内容物。

细菌 单细胞原核微生物，与真核生物的区别在于其"原核"细胞结构，即没有细胞核和细胞内膜区室化；另一方面，在化学层面（包括细胞膜结构）和遗传学层面，细菌与古菌也有诸多不同。

线粒体 真核细胞中的细胞器，被双层膜包围，其内膜形成所谓的"线粒体嵴"。线粒体是细胞的"能量工厂"，因为线粒体通过名为"呼吸链"的酶系统制造 ATP，即细胞的能量"货币"。线粒体拥有独立的基因组和蛋白质合成设备。线粒体的增殖并非通过重新组装，而是通过分裂方式实现的。这种细胞器是大约 20 亿年前的细菌和某原始细胞（可能是古菌）内共生的结果。

新陈代谢 生物体内调用能量的所有化学反应，是保障生物自身构造和繁殖所必需的。

信息素 由动物（有时也包括植物）释放到外部环境中的一种或一组化学物质，可引发同物种其他个体的生理反应或行为反应（通常与有性繁殖相关），此类反应有时可远距离（相隔数千米）触发。

形态发生 确定细胞、组织、器官和个体的形态与结构的所有过程。

岩石圈 地球表面坚硬的固体外层，包含地壳和部分上地幔。

叶绿体 真核植物细胞中的细胞器，具有双层膜结构。其中包含数组由膜围合的类囊体，呈扁囊状层层叠叠，内含叶绿素或类胡萝卜素等色素。叶绿体是进行光合作用的场所：它利用光能和大气中的二氧化碳产生糖和 ATP，后者是细胞的能量"货币"。叶绿体拥有自己的基因组和蛋白质合成设备。叶绿体的增殖不是通过重新组装，而是通过分裂的方式实现的。该细胞器源于 16 亿—15 亿年前的细菌和真核细胞的内共生。

遗传密码　核糖体解读信使 RNA 信息的形式，是根据信使 RNA 的核苷酸序列将相关信息翻译为组装在蛋白质中的氨基酸，RNA 的核苷酸序列和实现此类翻译的氨基酸之间的转换规则叫作遗传密码。

荧光染料（荧光团）　在光源激发下可释放荧光的化学物质。它们的使用为测序、成像和细胞分选等领域的研究带来了巨大进步。

永冻土　常年冻结的部分底土，存在于高纬度地区（极地和亚极地）和高海拔地区。

原核生物　单细胞生物，并且不同于真核细胞，没有细胞核和细胞区室。细菌和古菌都是原核生物。

再引入　一个物种在原产地灭绝后，从其他地区或其他国家将这个物种的个体引入并重新建立繁殖种群的过程。

真核生物　具有细胞核的单细胞或多细胞生物，其细胞包含各种被单层膜或双层膜分隔的细胞区室，即所谓的有膜细胞器。

转录　拷贝 DNA 部分区域并生成对应 RNA 分子的过程。在真核生物中，转录发生在细胞核，形成的 RNA 会被转运至细胞质，其中信使 RNA（编码 RNA）用作蛋白质的合成模板，非编码 RNA 用于执行其他细胞功能。

自噬　细胞清除自身组分（细胞质、大分子、细胞器）的过程，废弃的组分会被名为"自噬体"的细胞区室收集并转运至"溶酶体"区室中降解。

组学技术　可同步分析大量变量的高通量技术。组学技术涉及多种"组学"，包括基因组学（DNA 测序）、转录组学（基因的表达和调节）、蛋白质组学（蛋白质分析）、代谢组学（研究产生的代谢物），等等。通过获取大量关于研究对象的数据，并结合统计学和生物信息学分析，研究人员能以前所未有的水平表征生物系统，还可以建立相关预测模型。

致　谢

本书是 CNRS 生物科学研究所所长卡特琳·热叙发起的一项倡议的成果。我们希望为大众推出一本读物，概述 21 世纪以来生命科学历经的革命，揭示这一广阔科学领域最惊人的若干方面。该举措立马得到了 CNRS 主席阿兰·富克斯和 Inserm 院长伊夫·列维的全力支持。在这样一部作品中，我们需要勾勒出日新月异的生命科学主要领域的轮廓，鉴定最出人意料的发现：那些颠覆我们对生命的感知与概念的发现、那些以令人诧异且惊叹的方式启发我们的发现、那些描绘出未来生命探索领域的发现，以及那些未来有望催生可解决社会经济挑战之应用的发现。鉴于本书所涉及主题和学科的多样性，我们必须寻找可为此次冒险作出贡献的研究人员和教研人员。

本书创作的第一阶段，也是最基础的阶段，是 2015 年 12 月举办的一场为期两天的研讨会，该研讨会旨在解答上述问题。我们诚挚感谢所有拨冗参与该活动的热心同僚。他们的专业水准和辩论意识使研讨会取得了丰硕成果，从而建立了本书 5 个篇章的结构。如果没有他们的支持和协助，没有他们对生命科学的热忱，本书便不会问世，他们是：宝拉·阿里蒙多（Paola B. Arimondo）、奥利维耶·贝特朗（Olivier Bertrand）、弗雷德里克·博卡尔（Frédéric Boccard）、丹尼尔·卜贾尔（Daniel Boujard）、菲利普·桑坎（Philippe Cinquin）、让-米歇尔·克拉维里（Jean-Michel Claverie）、于格·德特（Hugues de Thé）、阿兰·埃什纳（Alain Eychène）、玛丽-安娜·菲利克斯（Marie-Anne Félix）、蒂埃里·高德（Thierry Gaude）、卡特琳·热叙、埃里克·卡尔桑迪（Eric Karsenti）、洛朗·科贾巴奇恩（Laurent Kodjabachian）、樊尚·洛代（Vincent Laudet）、让-安托万·勒培桑（Jean-Antoine Lepesant）、布鲁诺·卢卡斯（Bruno Lucas）、帕特里克·勒梅尔（Patrick Lemaire）、让－克洛德·米哈尔斯基（Jean-Claude Michalski）、弗洛伦斯·诺布尔（Florence Noble）、贝尔纳·普兰（Bernard Poulain）、托马·普拉德（Thomas Pradeu）、卡特琳·雷奇曼（Catherine Rechenmann）、爱德华多·罗查（Eduardo Rocha）、弗朗西斯－安德烈·沃尔曼（Francis-André Wollman）。

随后的工作，从协调百余位作者到文本校对，均由蒂埃里·高德主导。高德作为核心角色，对本书的制作与完善起着决定性作用。为了撰写本书5个篇章的内容，我们请教了研究人员、教研人员和医生，每个篇章都是在一两位协调人员的负责之下由一组作者完成。我们此举的独创性在于，每个写作组都集结了来自各个学科领域的专家（生物学家、物理学家、化学家、生物信息学家、哲学家、历史学家、医生、生态学家等），以便从一个前所未有的视角去探讨生物学问题。对此，尽管肩负沉重的教学和科研任务，且书的撰写时限极为严苛，但我们这些同仁仍然以非凡的热情承担了本书作者的角色。我们衷心感谢以下每一位人员：

1 "生命"是什么 协调者为让－米歇尔·克拉维里；埃尔维·柯汀（Hervé Cottin）、阿卜杜勒－拉扎克·阿尔瓦尼（Abderrazak El Albani）、帕特里克·福泰尔（Patrick Forterre）、玛丽－特雷斯·朱迪奇－奥尔迪科尼（Marie-Thérèse Giudici-Orticoni）、吕多维克·朱利安（Ludovic Jullien）、贝内迪克特·梅内（Bénédicte Ménez）、米歇尔·莫朗热（Michel Morange）、沃尔夫冈·尼茨克（Wolfgang Nitschke）、托马·普拉德。

2 生命的历史 协调者为于格·克罗利乌斯（Hugues R. Crollius）；尚塔尔·阿伯格尔（Chantal Abergel）、安娜·沙尔芒迪埃（Anne Charmantier）、维吉妮·库尔蒂埃－奥尔格格索（Virginie Courtier-Orgogozo）、樊尚·多班（Vincent Daubin）、玛蒂娜·奥斯贝格（Martine Hausberger）、埃弗利娜·埃耶尔（Evelyne Heyer）、菲利普·哈尔内（Philippe Jarne）、纪尧姆·勒冠特（Guillaume Lecointre）、普瑞菲卡西翁·加西亚（Purification López García）、布鲁诺·莫雷耶

（Bruno Maureille）、埃莱娜·莫隆（Hélène Morlon）、苏菲·纳多（Sophie Nadot）、弗朗索瓦·帕西（François Parcy）、本杰明·普鲁多姆（Benjamin Prud'homme）、奥利维耶·特纳永（Olilvier Tenaillon）、格扎维埃·维克曼斯（Xavier Vekemans）。

3 生命的复杂性 协调者为安尼克·阿雷尔－贝朗（Annick Harel-Bellan）；塞巴斯蒂安·阿米戈雷纳（Sebastian Amigorena）、奥利维耶·贝特朗、阿尔扎基·布达伍德（Arezki Boudaoud）、克里斯托夫·戈登（Christophe Godin）、儒勒·奥夫曼、阿涅斯·勒胡恩（Agnès Lehuen）、帕特里克·勒梅尔、马斯洛·诺尔曼－马丁内兹（Marcelo Nollmann-Martinez）、安德里亚·帕尔梅贾尼（Andrea Parmeggiani）、洛尔·龙迪－雷格（Laure Rondi-Reig）、克莱尔·鲁若勒（Claire Rougeulle）、盖伊·德奥莱（Guy Theraulaz）、丹尼·蒂埃弗里（Denis Thieffry）、埃尔维·沃舍雷（Hervé Vaucheret）、盖尔·伊韦尔（Gael Yvert）。

4 生命与环境 协调者为纪尧姆·贝卡尔（Guillaume Bécard）、利昂内尔·吉迪（Lionel Guidi）；萨米埃尔·阿利宗（Samuel Alizon）、弗雷德里克·安热利耶（Frédéric Angelier）、洛朗·贝赞（Laurent Bezin）、克里斯·鲍勒（Chris Bowler）、弗兰克·库尔尚（Franck Courchamp）、塞巴斯蒂安·杜特伊（Sébastien Dutreuil）、马蒂亚斯·福尔（Mathias Faure）、乌尔苏拉·希伯纳（Urszula Hibner）、穆罕默德·杰巴尔（Mohamed Jebbar）、奥利维尔·卡尔茨（Oliver Kaltz）、弗朗索瓦·勒利埃（François Leullier）、奥利维耶·卢代（Olivier Loudet）、帕斯卡尔·西莫内（Pascal Simonet）、约尔格·托斯特（Jörg Tost）、娜塔莉·韦尼奥勒（Nathalie Vergnolle）。

5 从好奇心到应用 协调者为宝拉·阿里蒙多、菲利普·梅纳舍（Philippe Menasché）；弗朗索瓦·贝尔热（François Berger）、芭芭拉·德默内、菲利普·桑坎、彼得·多米内（Peter F. Dominey）、让－克里斯托夫·弗里坎（Jean-Christophe Fricain）、埃尔维·勒玛雷克（Hervé Le Marec）、埃里克·马雷夏尔（Eric Maréchal）、让－路易·梅尔涅（Jean-Louis Mergny）、利昂内尔·纳卡什（Lionel Naccache）、弗兰克·吕菲耶（Franck Ruffier）、朱利安·塞尔（Julien

Serres）、米卡埃尔·坦特（Mickaël Tanter）、斯特凡·迪拉尔（Stéphane Tirard）、斯特凡·维奥莱（Stéphane Viollet）、埃里克·维维埃（Eric Vivier）。

本书配有大量图片和简图，历经多次校对和讨论。我们衷心感谢丰富此书内容的所有人：洛兰·贝尔塔尔（Lorraine Bertal）、奥利维耶·卡特里斯（Olivier Catrice）、克莱尔·肖沃（Claire Chauveau）、菲利普·福尔（Philippe Fort）、雷米·弗龙赞（Rémi Fronzes）、克莱尔·高夫（Claire Gough）、蒂埃里·海德曼（Thierry Heidmann）、伊冯·杰莱斯（Yvon Jaillais）、奥蕾莉·勒鲁（Aurélie Le Ru）、本杰明·贝雷（Benjamin Peret）、米歇尔·雷蒙（Michel Raymond）。

我们还要衷心感谢所有积极响应我们号召参与本项目的实验室，感谢这些实验室的工作人员，他们作出了巨大的贡献，为写作提供了思路、丰富了本书的内容。

最后，感谢保障本书后勤工作的所有人员和团队，尤其感谢玛丽－特雷斯·多兰－热拉尔德（Marie-Thérèse Dorin-Gérald）和 CNRS 生物科学研究所的整个团队。

通过提供科学反思文本为本书作出贡献的实验室及人员

RNA 结构和反应性实验室（斯特拉斯堡）：阿兰·莱斯居尔（Alain Lescure）、罗兰·马凯（Roland Marquet）、帕斯卡莱·隆比（Pascale Romby）、玛丽－安娜·希斯勒（Marie-Anne Sissler）、埃里克·韦斯特霍夫（Eric Westhof）

植物分子生理学和生物化学（BPMP）实验室（蒙彼利埃）：克里斯托夫·莫雷尔（Christophe Maurel）、本杰明·贝雷

线粒体和心血管生物学（MITOVASC）实验室（昂热）：雅克－奥利维耶·福尔塔（Jacques-Olivier Fortrat）

生物统计学和进化生物学实验室（LBBE，维勒班）：樊尚·多班

植物学和植物结构与植被结构建模（AMAP）实验室（蒙彼利埃）：塞德里克·戈舍雷尔（Cédric Gaucherel）

基质细胞、稳态、可塑性和组织修复实验室（STROMALab，图卢兹）：路易·卡斯特拉（Louis Casteilla）

癌症与老化中心（尼斯）：埃里克·吉尔森（Eric Gilson）

数学及其应用中心（CMLA，卡尚）：尼古拉·瓦亚缇斯（Nicolas Vayatis）

科尔得利研究中心（巴黎）：弗雷德里克·杰瑟尔（Frédéric Jaisser）

马赛癌学研究中心（CRCM，马赛）：樊尚·热利（Vincent Géli）

认知和行为群体（COGNAC-G）实验室（巴黎）：皮埃尔 - 保罗·维达尔（Pierre-Paul Vidal）

流行病学和公共卫生分析：风险、慢性疾病和残疾实验室（图卢兹）：西里尔·德尔皮埃尔（Cyrille Delpierre）、米歇尔·凯利 - 欧文（Michelle Kelly-Irving）

生物多样性和进化实验室（图卢兹）：埃蒂安·丹辛（Etienne Danchin）

微生物基因表达实验室（巴黎）：卡里纳·泰斯恩 - 维克洛贝克（Carine Tisne-Vicrobeck）

结构信息与基因组信息实验室（马赛）：尤里·提姆斯特（Youri Timsit）

科尚研究所（巴黎）：劳伦斯·贝尼（Laurence Bénit）、皮埃尔 - 奥利维耶·库洛（Pierre-Olivier Couraud）、埃莱娜·吉尔耿克兰茨（Hélène Gilgenkrantz）、弗洛伦斯·尼尔德冈（Florence Niedergang）、达尼尔·维曼（Daniel Vaiman）

细胞整合生物学研究所（I2BC，伊维特河畔吉夫）：弗朗索瓦·安德烈（François André）、法布里斯·勒克莱尔（Fabrice Leclerc）、斯特凡·奥洛斯基（Stéphane Orlowski）

植物分子生物学研究所（IBMP，斯特拉斯堡）：劳伦斯·德鲁阿尔（Laurence Drouard）、菲利普·吉格（Philippe Giegé）、曼弗雷德·海因莱因（Manfred Heinlein）、达尼埃乐·威尔克（Danièle Werck）

巴黎 - 塞纳生物学研究所（巴黎）：菲利普·福尔（Philippe Faure）、让 - 米歇尔·吉贝尔（Jean-Michel Gibert）、米歇尔·拉布埃斯（Michel Labouesse）、让－玛丽·曼金（Jean-Marie Mangin）、柳克丽丝·马瑟隆（Lucrèce Matheron）、皮埃尔·内特（Pierre Netter）、弗朗索瓦·罗宾（François Robin）、伊莎贝尔·特拉特内（Isabelle Tratner）、弗朗索瓦·特龙什（François Tronche）

结构生物学研究所（IBS，格勒诺布尔）：塞西尔·布雷顿（Cécile Breyton）、于格·努雷（Hugues Nury）；马莱纳·林克乔布－詹森（Malene Ringkjobing-Jensen）；盖伊·肖恩（Guy Schoehn）

分子与超分子化学和生物化学研究所（ICBMS，维勒班）：皮埃尔·斯特拉泽夫斯基（Pierre Strazewski）

分子与细胞生物学和遗传学研究所（IGBMC，伊尔基希）：阿卜杜勒·阿亚迪（Abdel Ayadi）、欣里希·格罗内梅尔（Hinrich Gronemeyer）、雅恩·埃罗（Yann Herault）、纪尧姆·帕夫洛维奇（Guillaume Pavlovic）、帕特里克·莱利（Patrick Reilly）、塔尼娅·索格（Tania Sorg）

人类遗传学研究所（IGH，蒙彼利埃）：伊莎贝尔·布索（Isabelle Busseau）、贾科莫·卡瓦利（Giacomo Cavalli）、贝尔纳·德马希（Bernard De Massy）、让－莫里斯·杜拉（Jean-Maurice Dura）、马塞尔·梅哈里（Marcel Mechali）、菲利普·帕塞罗（Philippe Pasero）、埃尔维·赛茨（Hervé Seitz）

药理学和结构生物学研究所（IPBS，图卢兹）：让－玛丽·扎亚克（Jean-Marie Zajac）

马克思·慕瑟龙生物分子研究所（IBMM，蒙彼利埃）：罗伯特·帕斯卡尔（Robert Pascal）

孟德尔生物医学研究所（克雷泰伊）：约格·博茨科夫斯基（Jorge Bocskowski）、吉纳维芙·德鲁摩（Geneviève Derumeaux）

再生医学和生物治疗研究所（IRMB，蒙彼利埃）：让－马克·勒梅特尔（Jean-Marc Lemaitre）

微生物生物多样性和生物技术实验室（LBBM，滨海巴尼于尔）：拉斐

尔·拉米（Raphaël Lami）

滨海自由城发育生物学实验室（滨海自由城）：亚历山大·阿利耶（Alexandre Alié）、卢卡斯·勒克莱尔（Lucas Leclère）、史蒂芬诺·蒂奥佐（Stefano Tiozzo）

植物－微生物交互作用实验室（LIPM，卡斯塔内托洛桑）：克劳德·布鲁昂德（Claude Bruand）、帕斯卡尔·加马斯（Pascal Gamas）；多米尼克·罗比（Dominique Roby）；法布里斯·鲁（Fabrice Roux）

微生物交流和适应分子（MCAM）实验室（巴黎）：斯瓦兹克·普拉多（Soizic Prado）

繁殖生理学与行为生理学（PRC）实验室（努齐利）：塞西尔·阿尔努（Cécile Arnould）、阿林·贝尔汀（Aline Bertin）、吕多维克·卡朗德罗（Ludovic Calandreau）、埃洛迪·沙尤（Élodie Chaillou）、蕾娅·兰萨得（Léa Lansade）、弗雷德里克·列维（Frédéric Levy）

基于硅内方法的治疗用分子研究（MTI）实验室（巴黎）：布鲁诺·维劳特瑞克斯（Bruno Villoutreix）

心血管风险、强直－纤维化和高凝性实验室（南希）：帕特里克·拉科利（Patrick Lacolley）、娜塔莉娅·洛佩兹－安德斯（Natalia Lopez-Andres）、安娜·皮扎荷（Anne Pizard）、维罗妮可·勒尼奥（Véronique Regnault）、帕特里克·罗西尼奥尔（Patrick Rossignol）、法伊兹·赞纳（Faiez Zannad）

功能糖生物学与结构糖生物学课题组（阿斯克新城）：让－弗朗索瓦·博达尔（Jean-François Bodart）

神经科学、信息和复杂性课题组（UNIC，伊维特河畔吉夫）：伊夫·弗雷格纳克（Yves Frégnac）

法国国家科学研究委员会第二十处（生物化学和结构生物学与分子生物学分处）

作者简介

主编
卡特琳·热叙

生物科学研究所（INSB），巴黎

http://www.cnrs.fr/insb/

副主编
蒂埃里·高德

植物生殖与发育（RDP）实验室，里昂

http://www.ens-lyon.fr/RDP

"1 '生命'是什么" 作者
让－米歇尔·克拉维里

结构信息与基因组信息（IGS）实验室，马赛

https://www.igs.cnrs-mrs.fr/

埃尔维·柯汀

大气系统跨高校实验室（LISA），克雷泰伊

http://www.lisa.univ-paris12.fr/

阿卜杜勒－拉扎克·阿尔瓦尼

普瓦捷环境化学与材料化学研究所（IC2MP），普瓦捷

http://ic2mp.labo.univ-poitiers.fr/

帕特里克·福泰尔

嗜极生物基因分子生物学实验室，巴黎

https://research.pasteur.fr/fr/team/molecular-biology-of-gene-inextremophiles/

玛丽－特雷斯·朱迪奇－奥尔迪科尼

生物能学与蛋白质工程（BIP）实验室，马赛

http：//www.bip.cnrs-mrs.fr/

吕多维克·朱利安

"单电子或辐射能量传递的选择性激活过程"（PASTEUR）实验室，巴黎

http：//www.chimie.ens.fr/

贝内迪克特·梅内

巴黎地球物理研究所（IPGP），巴黎

http：//www.ipgp.fr/

米歇尔·莫朗热

科学技术历史和哲学研究所（IHPST），巴黎

http：//www.ihpst.cnrs.fr/

沃尔夫冈·尼茨克

生物能学与蛋白质工程（BIP）实验室，马赛

http：//www.bip.cnrs-mrs.fr/

托马·普拉德

概念免疫学、实验免疫学和转化免疫学（Immuno ConcEpT）实验室，波尔多

https：//www.immuconcept.org/

"2 生命的历史" 作者

尚塔尔·阿伯格尔

结构信息与基因组信息（IGS）实验室，马赛

https：//www.igs.cnrs-mrs.fr/

安娜·沙尔芒迪埃

功能生态学与进化生态学中心（CEFE），蒙彼利埃

http：//www.cefe.cnrs.fr/fr/

维吉妮·库尔蒂埃－奥尔格格索

雅克·莫诺研究所（IJM），巴黎

http：//www.ijm.fr/

樊尚·多班

生物统计学与进化生物学实验室（LBBE），维勒班

https：//lbbe.univ-lyon1.fr/

玛蒂娜·奥斯贝格

人类行为学与动物行为学（EthoS）实验室，雷恩

https：//ethos.univ-rennes1.fr/

埃弗利娜·埃耶尔

生态人类学与民族生物学（EAE）实验室，巴黎

http：//www.ecoanthropologie.cnrs.fr/

菲利普·哈尔内

功能生态学与进化生态学中心（CEFE），蒙彼利埃

http：//www.cefe.cnrs.fr/fr/

纪尧姆·勒冠特

系统学、进化和生物多样性研究所（ISYEB），巴黎

http：//isyeb.mnhn.fr/

普瑞菲卡西翁·加西亚

生态学、系统学和进化（ESE）实验室，奥赛

http：//www.ese.u-psud.fr/

布鲁诺·莫雷耶

从史前到现代：文化、环境和人类学（PACEA）实验室，佩萨克

http：//www.pacea.u-bordeaux1.fr/

埃莱娜·莫隆

巴黎高等师范学校生物学研究所（IBENS），巴黎

http：//www.ibens.ens.fr/

苏菲·纳多

生态学、系统学和进化（ESE）实验室，奥赛

http：//www.ese.u-psud.fr/

弗朗索瓦·帕西

细胞生理学与植物生理学实验室（LPCV），格勒诺布尔

http：//big.cea.fr/drf/big/Pages/PCV/Accueil.aspx

本杰明·普鲁多姆

马赛发育生物学研究所，马赛

http：//www.ibdml.univ-mrs.fr/

奥利维耶·特纳永

感染、抗菌、建模和进化（IAME）实验室，巴黎

http：//www.iame-research.center/

于格·克罗利乌斯

巴黎高等师范学院生物研究所（IBENS），巴黎

http：//www.ibens.ens.fr/

格扎维埃·维克曼斯

进化、生态学和古生物学（Evo-Eco-Paleo）实验室，阿斯克新城

http：//eep.univ-lille.fr/

"3 生命的复杂性" 作者

塞巴斯蒂安·阿米戈雷纳

免疫和癌症实验室，巴黎

http：//curie.fr/recherche/immunitecancer-institut-curie-inserm-u932

奥利维耶·贝特朗

里昂神经科学研究中心（CRNL），里昂

https：//crnl.univ-lyon1.fr/index.php/fr

阿尔扎基·布达伍德

植物生殖与发育（RDP）实验室，里昂

http：//www.ens-lyon.fr/RDP

克里斯托夫·戈登

虚拟植物实验室，蒙彼利埃

https：//team.inria.fr/virtualplants/fr/

安尼克·阿雷尔－贝朗

细胞整合生物学研究所（I2BC），伊维特河畔吉夫

http：//www.i2bc.paris-saclay.fr/

儒勒·奥夫曼

昆虫免疫应答和发育实验室，斯特拉斯堡

http：//ibmc-ridi.cnrs.fr/fr/accueil-ridi/

阿涅斯·勒胡恩

科尚研究所，巴黎

http：//www.institutcochin.fr/

帕特里克·勒梅尔

蒙彼利埃细胞生物学研究中心（CRBM），蒙彼利埃

http：//www.crbm.cnrs.fr/

马斯洛·诺尔曼－马丁内兹

结构生物化学中心（CBS），蒙彼利埃

http：//www.cbs.cnrs.fr/

安德里亚·帕尔梅贾尼

正常膜与病变膜交互动力学（DIMNP）实验室，蒙彼利埃

http：//www.dimnp.univ-montp2.fr/

洛尔·龙迪－雷格

巴黎－塞纳神经科学实验室，巴黎

http：//www.ibps.upmc.fr/

克莱尔·鲁若勒

细胞命运和表观遗传学实验室，巴黎

http：//parisepigenetics.com/

盖伊·德奥莱

动物认知研究中心（CRCA），图卢兹

http：//cognition.ups-tlse.fr/

丹尼·蒂埃弗里

巴黎高等师范学校生物学研究所（IBENS），巴黎

http：//www.ibens.ens.fr/

埃尔维·沃舍雷

让－皮埃尔·布尔金研究所（IJPB），凡尔赛

http：//www-ijpb.versailles.inra.fr/

盖尔·伊韦尔

细胞建模和细胞生物学实验室（LBMC），里昂

http：//www.ens-lyon.fr/LBMC/

"4 生命与环境" 作者

萨米埃尔·阿利宗

传染病和病媒生物的生态、遗传、进化与控制（MIVEGEC）实验室，蒙彼利埃

http：//mivegec.ird.fr/fr/

弗雷德里克·安热利耶

希泽生物学研究中心（CEBC），维利耶尔

http：//www.cebc.cnrs.fr/

纪尧姆·贝卡尔

植物科学研究实验室（LRSV），图卢兹

https：//www.lrsv.ups-tlse.fr/

洛朗·贝赞

> 里昂神经科学研究中心（CRNL），里昂

> https：//crnl.univ-lyon1.fr/index.php/fr

克里斯·鲍勒

> 巴黎高等师范学校生物学研究所（IBENS），巴黎

> http：//www.ibens.ens.fr/

弗兰克·库尔尚

> 生态学、系统学和进化（ESE）实验室，奥赛

> http：//www.ese.u-psud.fr/

塞巴斯蒂安·杜特伊

> 科学技术历史和哲学研究所（IHPST），巴黎

> http：//ihpst.cnrs.fr/

马蒂亚斯·福尔

> 国际传染病学研究中心（CIRI），里昂

> http：//ciri.inserm.fr/

利昂内尔·吉迪

> 自由城海洋学实验室（LOV），滨海自由城

> http：//www.obs-vlfr.fr

乌尔苏拉·希伯纳

> 蒙彼利埃分子遗传学研究所（IGMM），蒙彼利埃

> http：//www.igmm.cnrs.fr/

穆罕默德·杰巴尔

> 极端环境微生物学实验室（LM2E），布雷斯特

> http：//www.ifremer.fr/umr6197

奥利维尔·卡尔茨

> 蒙彼利埃进化科学研究所（ISEM），蒙彼利埃

> http：//www.isem.univ-montp2.fr/

弗朗索瓦·勒利埃

里昂功能基因组学研究所（IGFL），里昂

http：//igfl.ens-lyon.fr/

奥利维耶·卢代

让－皮埃尔·布尔金研究所（IJPB），凡尔赛

http：//www-ijpb.versailles.inra.fr/

帕斯卡尔·西莫内

安培实验室，埃库利

http：//www.ampere-lyon.fr/

约尔格·托斯特

法国国家基因分型中心环境表观遗传学实验室（LEE），埃夫里

http：//ig.cea.fr/drf/ig/Pages/CNG/LABORATOIRES/Epigenetique-

etenvironnement.aspx

娜塔莉·韦尼奥勒

消化健康研究所，图卢兹

http：//www.irsd.fr/

"5 从好奇心到应用" 作者

宝拉·阿里蒙多

癌症表观遗传调节药理化学（ETaC）实验室，图卢兹

http：//www.etac.cnrs.fr/

弗朗索瓦·贝尔热

Clinatec 基金会，格勒诺布尔

http：//www.clinatec.fr/

菲利普·桑坎

格勒诺布尔计算机科学、数学与应用－医学工程技术和复杂性技术
（TIMC-IMAG）实验室，拉特龙克

http：//www-timc.imag.fr/

芭芭拉·德默内

内分泌调节进化实验室，巴黎

http：//umr7221.mnhn.fr/

彼得·多米内

干细胞和脑研究所（SBRI），布龙

http：//www.sbri.fr/

让－克里斯托夫·弗里坎

组织生物工程（BioTis）实验室，波尔多

http：//www.biotis-bordeaux.com/

埃尔维·勒玛雷克

胸部研究所，南特

http：//www.umr1087.univ-nantes.fr/

埃里克·马雷夏尔

细胞生理学与植物生理学实验室（LPCV），格勒诺布尔

http：//big.cea.fr/drf/big/Pages/PCV/Accueil.aspx

让－路易·梅尔涅

欧洲化学和生物学研究所（IECB），佩萨克

http：//www.iecb.u-bordeaux.fr/

菲利普·梅纳舍

乔治·蓬皮杜欧洲医院生物外科研究实验室（HEGP），巴黎

http：//hopital-georgespompidou.aphp.fr/recherche/structures-de-recherche/parcc/

利昂内尔·纳卡什

脑和脊髓研究所（ICM），巴黎

http：//icm-institute.org/fr/

弗兰克·吕菲耶

埃蒂安－儒勒·马雷运动科学研究所（ISM），马赛

http：//www.ism.univmed.fr/

朱利安·塞尔

埃蒂安－儒勒·马雷运动科学研究所（ISM），马赛

http：//www.ism.univmed.fr/

米卡埃尔·坦特

朗之万研究所，巴黎

https：//www.institut-langevin.espci.fr/

斯特凡·迪拉尔

弗朗索瓦·韦达科技历史中心，南特

http：//www.cfv.univ-nantes.fr/

斯特凡·维奥莱

埃蒂安——儒勒·马雷运动科学研究所（ISM），马赛

http：//www.ism.univmed.fr/

埃里克·维维埃

马赛－卢米尼免疫学中心（CIML），马赛

http：//www.ciml.univ-mrs.fr/

图片版权说明

开篇图　a. Hubert Raguet/TIMC-IMAG/CNRS Photothèque；b. Cyril Fresillon/IPBS/CNRS Photothèque；c. Christophe Hargoues/Institut de la Vision/CNRS Photothèque；d. Hubert Raguet/Cyceron/CNRS Photothèque；e. Cyril Fresillon/CNRS Photothèque；f. David Moreira/ESE/CNRS Photothèque

引言

图 0.2　Christian Sardet/Tara Océans/CNRS Photothèque

图 0.3　a. AMU/IGS/CNRS Photothèque; b. Didier Raoult/Marie Suzan-Monti/IRD 198/URMITE/CNRS Photothèque

图 0.4　Stephan Borensztajn/CNRS Photothèque

图 0.5　a. Benoît Rajau/LPS/CNRS Photothèque; b. Sergey Melnikov/Marat Yusupov/CNRS Photothèque; c. Vincent Homburger/Nicole Lautredou/IGF/CNRS Photothèque; d. Gérard Geraud/Marie-Hélène Verlhac/Bernard Maro/CNRS Photothèque

图 0.6　a. Michel Thiebaut de Schotten/ICM/CNRS Photothèque; b. Fabrice Crivello/Bernard Mazoyer/CI-NAPS/CNRS Photothèque

图 0.7　a. Sébastien Halary/@mex/CNRS Photothèque; b. Christian Sardet/Plankton Chronicles/CNRS Photothèque

图 0.8　a. Inserm/Stéphane Fouquet; b. Sébastien Marais/Daniel Choquet/Elena Avignone/Bordeaux Imaging Center/CNRS Photothèque; c. Valentin Wyart/CNRS Photothèque

1　"生命"是什么

图 1.0　Noé Sardet/Christian Sardet/Tara Océans/CNRS Photothèque

图 1.1　Aurélie Moya/LOV/UPMC/CNRS Photothèque

图 1.3　University of California, San Diego

图 1.4　ESA/Rosetta/Philae/CIVA

图 1.5　NASA/JPL/Space Science Institute

图 1.6　Inserm/Dea Siade

图 1.7　Meckes & Ottwa/Eye of science

图 1.8b　IPGP/IRD/MOI

图 1.9　IPGP

图 1.10　a、b. El Albani；c. El Albani−Mazurier

图 1.12　G. Stubbs, R. Pattanayek, K. Namba

2　生命的历史

图 2.0　Thomas Vignaud/CNRS Photothèque

图 2.2　a. Eye of Science/Science Photo Library; b. Steve Gschmeisser/Science Photo Library; c. Dennis Kunkel microscopy/Science Photo Library

图 2.4　图片基于 Prüfer et al., 2014 的数据，修改绘制

图 2.5　Reddy S. et al./Royal Society/H. Morlon et D. Moen

图 2.6　Sophie Nadot

图 2.7　Sophie Nadot

图 2.9　Mathieu Joron

图 2.12　Eric Imbert/ISEM/CNRS Photothèque

图 2.14　a. © Julia BARTOLI/Chantal Abergel/AMU/IGS/CNRS Photothèque; b. Ludovic Orlando

3　生命的复杂性

图 3.0　Cédric Maurange/Elodie Lanet/IBDM/CNRS Photothèque

图 3.5　Olivier Schwartz/Institut Pasteur

图 3.7　a. Sébastien MARAIS/Daniel CHOQUET/Bordeaux Imaging Center/CNRS Photothèque; b. Antoine CRIGIS/Université de Strasbourg/CNRS Photothèque

图 3.10b　Catherine Legraverend/IGF/CNRS Photothèque

图 3.14　Alain R. DEVEZ/CNRS Photothèque

图 3.15　Guy Theraulaz/Anais Khuong/Jacques Gautrais/CRCA，CBI，Toulouse

图 3.16　Oronbb et Matthew Hoelscher

4　生命与环境

图 4.0　Yann Fontana/CNRS Photothèque

图 4.1　Ifremer

图 4.2　B. Fogliani/IAC

5　从好奇心到应用

参考文献

1 "生命"是什么

1. Abergel C., Legendre M., Claverie J.-M.（2015），« The rapidly expanding universe of giant viruses：Mimivirus，Pandoravirus，Pithovirus and Mollivirus »，*FEMS Microbiology Reviews*，39，p. 779–796.

2. Altwegg K. et al.（2016），« Prebiotic chemicals—amino acid and phosphorus—in the coma of comet 67P/Churyumov–Gerasimenko »，*Science Advances* 2（5）：e1600285.

3. Bassez M.-P., Takano Y., Ohkouchi N.（2009），« Organic Analysis of Peridotite Rocks from the Ashadze and Logatchev Hydrothermal Sites »，*International Journal of Molecular Sciences*，10，p. 2986–2998.

4. Benomar S., Ranava D., Cárdenas M. L., Trably E., Rafrafi Y., Ducret A., Hamelin J., Lojou E., Steyer J.-P. et Giudici–Orticoni M.-T.（2015），« Nutritional stress induces exchange of cell material and energetic coupling between bacterial species »，*Nature communications*，6，p. 6283.

5. Bibring J.-P. et al.（2006），« Global mineralogical and aqueous mars history derived from OMEGA/Mars express data »，*Science* 312，p. 400–404.

6. Claverie J.-M.（2006），« Viruses take center stage in cellular evolution »，*Genome Biology* 7，p. 110.

7. Claverie J.-M., Abergel C.（2016），« Giant viruses：The difficult breaking of multiple epistemological barriers »，*Studies in History and Philosophy of Biological and Biomedical Sciences*，59，p. 89–99.

8. Cottin H. et al.（2015），« Astrobiology and the possibility of life on Earth and elsewhere··· »，*Space Science Reviews*，doi 10.1007/s11214–015–0196–1.

9. Danger G. et al.（2016），« Insight into the molecular composition of laboratory organic residues produced from interstellar/pre–cometary ice analogues using very high resolution mass spectrometry »，*Geochimica et Cosmochimica Acta* 189，p. 184–196.

10. El Albani A. et al.（2014），« The 2.1 Ga old Francevillian biota：biogenicity，taphonomy and biodiversity »，*PLoS ONE* 9：e99438.

11. — (2010), « Large colonial organisms with coordinated growth in oxygenated environments 2.1 Gyr ago », *Nature* 466, p. 100-104.

12. Forterre P. (2010), «Defining life: the virus viewpoint », *Origins of Life and Evolution of Biospheres* 40 (2), p. 151-160.

13. Freissinet C. (2015), « Organic molecules in the Sheepbed Mudstone, Gale Crater, Mars», *Journal of Geophysical Research: Planet*s 120, p. 495-514.

14. Keller L. et Surette M. G. (2006), « Communication in bacteria: an ecological and evolutionary perspective », *Nature Reviews Microbiology* 4, p. 249-258.

15. La Scola B., Audic S., Robert C., Jungang L., de Lamballerie X., Drancourt M., Birtles R., Claverie J.-M., Raoult D. (2003), « A giant virus in amoebae », *Science*, 299, p. 2033.

16. Lwoff A. (1957), «The concept of virus », *Journal of General Microbiology*, 17, p. 239-253.

17. Lwoff A. et Tournier P. (1966), « The classification of viruses », *Annual Review of Microbiology*, 20, p. 45-74.

18. Martins Z. (2011), « Organic Chemistry of Carbonaceous Meteorites », *Elements*, 7, p. 3540.

19. McCutcheon J.-P., Moran N.-A. (2011), « Extreme genome reduction in symbiotic bacteria », *Nature Reviews Microbiology*, 10, p. 13-26.

20. McKay C. P., Porco C. C., Altheide T., Davis W. L. et Kral T. A. (2008), « The Possible Origin and Persistence of Life on Enceladus and Detection of Biomarkers in the Plume », *Astrobiology*, 8, p. 909-919.

21. Meinert C. et al. (2016), « Ribose and related sugars from ultraviolet irradiation of interstellar ice analogs », *Science*, 352, p. 208-212.

22. Miller S. L. (1953), « A Production of Amino Acids Under Possible Primitive Earth Conditions », *Science*, 117, p. 528-529.

23. Modica P., Meinert C., Marcellus P. D., Nahon L., Meierhenrich U. J. et d'Hendecour, L. L. S. (2014), « Enantiomeric Excesses Induced in Amino Acids by Ultraviolet Circularly Polarized Light Irradiation of Extraterrestrial Ice Analogs: A Possible Source of Asymmetry for Prebiotic Chemistry », *Astrophysical Journal*, 788, p. 79.

24. Nocard E., Roux E. (1898), « Le microbe de la péripneumonie », *Annales de l'Institut Pasteur XII*, p. 240-262.

25. Nutman et al. (2016), « Rapid emergence of life shown by discovery of

3，700-million-year-old microbial structures », *Nature*, 537, p. 535-538.

26. Patel B. H., Percivalle C., Ritson D. J., Duffy C. D. et Sutherland J. D. (2015), « Common origins of RNA, protein and lipid precursors in a cyanosulfidic protometabolism», *Nature Chemistry*, 7, p. 301-307.

27. Philippe N. et al. (2013), « Pandoraviruses : amoeba viruses with genomes up to 2.5 Mb reaching that of parasitic eukaryotes », *Science*, 341, p. 281-286.

28. Powner M. W., Gerland B. et Sutherland J. D. (2009), « Synthesis of activated pyrimidine ribonucleotides in prebiotically plausible conditions », *Nature*, 459, p. 239-242.

29. Pradeu T., Kostyrka G., Dupré J. (2016), « Understanding viruses : Philosophical investigations », *Studies in History and Philosophy of Biological and Biomedical Sciences*, 59, p. 57-63.

30. Raoult D., Audic S., Robert C., Abergel C., Renesto P., Ogata H., La Scola B., Suzan M., Claverie J.-M. (2004), « The 1.2-megabase genome sequence of Mimivirus », *Science*, 306, p. 1344-1350.

31. Raulin F, Brassé C., Poch O., Coll P. (2012), « Prebiotic-like chemistry on Titan », *Chemical Society Reviews* 41 (16), p. 5380-5393.

32. Roux E. (1903), « Sur les microbes dits «invisibles» », *Bulletin de l' Institut Pasteur 1*, p. 7-13, 49-56.

33. Schoepp-Cothenet B. et al. (2013), « On the universal core of bioenergetics », *Biochimica et Biophysica Acta* 1827, p. 79-93.

34. Winn J. N., Fabrycky D. (2015), « The Ocurrence and Architecture of Exoplanetary Systems », *Annual Review of Astronomy & Astrophysics*, 53, p. 409-447.

35. Zahradka K., Slade D., Bailone A., Sommer S., Averbeck D., Petranovic M., Lindner A.-B., R adman M. (2006), « Reassembly of shattered chromosomes in Deinococcus radiodurans », *Nature*, 443, p. 569-573.

36. Zengler K., Palsson B.-O. (2012), « A road map for the development of community systems (CoSy)biology », *Nature Reviews Microbiology*, 10, p. 366-372.

2 生命的历史

1. Avargues-Weber A. (2012), « Face recognition : lessons from a wasp », *Current biology* : CB 22, R91.

2. Billy G. (1979), « Modifications phénotypiques contemporaines et migrations matrimoniales », *Bulletins et Mémoires de la Société d' Anthropologie de Paris* 6, p. 251.

3. Brunet M. et al. (2002), « A new hominid from the Upper Miocene of Chad, Central Africa », *Nature*, 418, p. 145.

4. Cheptou P.-O., Carrue O., Rouifed S., Cantarel A. (2008), « Rapid evolution of seed dispersal in an urban environment in the weed Crepis sancta », *Proceedings of the National Academy of Sciences of the United States of America*, 105, p. 3796.

5. Durbin R. M. et al. (2010), « A map of human genome variation from population-scale sequencing », *Nature*, 467, p. 1061.

6. El Albani A. et al. (2010), « Large colonial organisms with coordinated growth in oxygenated environments 2.1 Gyr ago », *Nature*, 466, p. 100.

7. Fu Q. et al. (2014), «Genome sequence of a 45,000-year-old modern human from western Siberia », *Nature*, 514, p. 445.

8. — (2015), « An early modern human from Romania with a recent Neanderthal ancestor », *Nature*, 524, p. 216.

9. Giurfa M. (2013), « Cognition with few neurons: higher-order learning in insects », *Trends in Neurosciences*, 36, p. 285.

10. Jozet-Alves C., Bertin M., Clayton N. S. (2013), « Evidence of episodic-like memory in cuttlefish », *Current Biology*: CB 23, R1033.

11. Kuhlwilm M. et al. (2016), « Ancient gene f low from early modern humans into Eastern Neanderthals », *Nature*, 530, p. 429.

12. Lebatard A.-E. et al. (2008), « Cosmogenic nuclide dating of Sahelanthropus tchadensis and Australopithecus bahrelghazali: Mio-Pliocene hominids from Chad », *Proceedings of the National Academy of Sciences of the United States of America*, 105, p. 3226.

13. Legendre M. et al. (2014), « Thirty-thousand-year-old distant relative of giant icosahedral DNA viruses with a pandoravirus morphology », *Proceedings of the National Academy of Sciences of the United States of America*, 111, p. 4274.

14. Le Luyer M., Rottier S., Bayle P. (2014), « Brief communication: Comparative patterns of enamel thickness topography and oblique molar wear in two Early Neolithic and medieval population samples », *American Journal of Physical Anthropology*, 155, p. 162.

15. Ouattara K., Lemasson A., Zuberbuhler K. (2009), « Campbell's monkeys concatenate vocalizations into context-specific call sequences », *Proceedings of the National Academy of Sciences of the United States of America*, 106, p. 22026.

16. Prufer K. et al. (2014), « The complete genome sequence of a Neanderthal from the

Altai Mountains », *Nature*, 505, p. 43.

17. Romiguier J. et al. (2014), « Comparative population genomics in animals uncovers the determinants of genetic diversity », *Nature*, 515, p. 261.

18. Roullier C., Benoit L., McKey D. B., Lebot V. (2013), « Historical collections reveal patterns of diffusion of sweet potato in Oceania obscured by modern plant movements and recombination », *Proceedings of the National Academy of Sciences of the United States of America*, 110, p. 2205.

19. Senut B. et al. (2001), « First hominid from the Miocene (Lukeino Formation, Kenya)», *Comptes Rendus de l'Académie de Sciences*, 332, p. 137.

20. Valmalette J. C. et al. (2012), « Light-induced electron transfer and ATP synthesis in a carotene synthesizing insect », *Scientific Reports*, 2, p. 579.

3 生命的复杂性

1. Besnard F., Refahi Y., Morin V., Marteaux B., Brunoud G., Chambrier P., Rozier F., Mirabet V., Legrand J., Lainé S., Thévenon E., Farcot E., Cellier C., Das P., Bishopp A., Dumas R., Parcy F., Helariutta Y., Boudaoud A., Godin C., Traas J., Guédon Y., Vernoux T. (2014), « Cytokinin signalling inhibitory fields provide robustness to phyllotaxis », *Nature*, 505(7483), p. 417-421, doi : 10.1038/nature12791.

2. Chaumeil J., Le Baccon P., Wutz A., Heard E. (2006), « A novel role for Xist RNA in the formation of a repressive nuclear compartment into which genes are recruited when silenced », *Genes and Development*, 20(16), p. 2223-2237.

3. Daninos F. (2015), « Les champions de la nage synchronisée », *Sciences et Avenir*, horssérie avril/mai, p. 46-47.

4. — (2015), « Sous le régime de la communauté », *Sciences et Avenir*, hors-série avril/mai, p. 42-45.

5. Doudna J. A., Charpentier E. (2014), « Genome editing. The new frontier of genome engineering with CRISPR-Cas9 », *Science*, 346(6213), p. 1258096.

6. Fire A., Xu S., Montgomery M. K., Kostas S. A., Driver S. E., Mello C. C. (1998), « Potent and specific genetic interference by double-stranded RNA in *Caenorhabditis elegans* », *Nature*, 391(6669), p. 806-811.

7. Jacob F., Monod J. (1961), « Genetic regulatory mechanisms in the synthesis of proteins », *Journal of Molecular Biology*, 3, p. 318-356.

8. Janeway C. A., Jr. (1989), « Approaching the asymptote? Evolution and revolution in immunology », *Cold Spring Harb Symposia on Quantitative Biology*, 54, p. 1-13.

9. Khuong A., Gautrais J., Perna A., Sbaï C., Combe M., Kuntz P., Jost C., Theraulaz G. (2016), « Stigmergic construction and topochemical information shape ant nest architecture », *Proceedings of The National Academy of Sciences of the United States of America*, 113, p. 1303–1308.

10. Lemaitre B., Nicolas E., Michaut L., Reichhart J.–M., Hoffmann J. A. (1996), «The dorsoventral regulatory gene cassette *spätzle/Toll/cactus* controls the potent antifungal response in *Drosophila* adults », *Nature Cell Biology*, 86 (6), p. 973–983.

11. Medzhitov R., Preston–Hurlburt P., Janeway C. A., Jr. (1997), « A human homologue of the *Drosophila* Toll protein signals activation of adaptive immunity », *Nature*, 388 (6640), p. 394–397.

12. Monier B., Gettings M., Gay G., Mangeat T., Schott S., Guarner A., Suzanne M. (2015), « The last surge of dying cells, a key stage during the tissular morphogenesis », *Med. Sci.*, Paris, 31 (5), p. 475–477.

13. Mourrain P., Beclin C., Elmayan T., Feuerbach F., Godon C., Morel J.–B., Jouette D., Lacombe A.–M., Nikic S., Picault N., Remoue K., Sanial M., Vo T.–A., Vaucheret H. (2000), « Arabidopsis SGS2 and SGS3 genes are required for posttranscriptional gene silencing and natural virus resistance », *Nature Cell Biology*, 101 (5), p. 533–542.

14. Naguibneva I., Ameyar–Zazoua M. et al. (2006), « The microRNA miR–181 targets the homeobox protein Hox–A11 during mammalian myoblast differentiation », *Nature Cell Biology*, 8 (3), p. 278–284.

15. Poltorak A., He X., Smirnova I., Liu M. Y., Van Huffel C., Du X., Birdwell D., Alejos E., Silva M., Galanos C., Freudenberg M., Ricciardi–Castagnoli P., Layton B., Beutler B. (1998), «Defective LPS signaling in C3H/HeJ and C57BL/10ScCr mice: mutations in *Tlr4* gene », *Science*, 282 (5396), p. 2085–2088.

16. Singh D. P., Saudemont B., Guglielmi G., Arnaiz O., Goût J.–F., Prajer M., Potekhin A., Przybos E., Aubusson–Fleury A., Bhullar S., Bouhouche K., Lhuillier–Akakpo M., Tanty V., Blugeon C., Alberti A., Labadie K., Aury J.–M., Sperling L., Duharcourt S., Meyer E. (2014), « Genome–defence small RNAs exapted for epigenetic mating–type inheritance », *Nature*, 509 (7501), p. 447–452.

17. Steinman R. M., Cohn Z. A. (1973), « Identification of a novel cell type in peripheral lymphoid organs of mice. I. Morphology, quantitation, tissue distribution », *Journal of Experimental Medicine*, 137 (5), p. 1142–1162.

18. Theraulaz G. (2010), « L'intelligence collective des fourmis », *Le Courrier de la*

Nature, 250, p. 46–53.

19. Theraulaz G., Gautrais J., Blanco S., Fournier R., Deneubourg J.-L. (2016), « Une intelligence façon puzzle », *Dossier Pour La Science*, 92, p. 42–47.

20. Theraulaz G., Perna A., Kuntz P. (2012), « L'art de la construction chez les insectes sociaux », *Pour La Science*, 420, p. 28–35.

21. Theraulaz G., Picarougne F. Jost C. (2012), « Voyage au centre des termitières et des fourmilières », *Pour La Science*, 420, p. 36–43.

22. Vallot C., Rougeulle C. (2013), « Long non-coding RNAs and human X-chromosome regulation: a coat for the active X chromosome », *RNA Biology*, 10 (8), p. 1262–1265.

23. Whitham S., Dinesh-Kumar S.P., Choi D., Hehl R., Corr C., Baker B. (1994), « The product of the tobacco mosaic virus resistance gene N: similarity to toll and the interleukin-1 receptor », *Nature Cell Biology*, 78(6), p. 1101–1115.

24. Wood W., Turmaine M., Weber R., Camp V., Maki R. A., McKercher S. R., Martin P. (2000), « Mesenchymal cells engulf and clear apoptotic footplate cells in macrophageless PU.1 null mouse embryos », *Development*, 127, p. 5245–5252.

4 生命与环境

1. Alizon, S. (2016), *C'est grave, Dr Darwin ? L'évolution, les microbes et nous*, Le Seuil, Paris.

2. Ameisen J. C. (2002), « On the origin, evolution, and nature of programmed cell death: a timeline of four billion years », *Cell Death Differ*, 9, p. 367–393.

3. Anway M. D., Menon M. A., Uzumcu M., Skinner M. K. (2006), « Transgerenational effect of the endocrine disruptor Vinclozolin on male spermatogenesis », *Journal of Andrology*, 27, p. 868–879.

4. Babikova Z., Gilbert L., Bruce T. J. A., Birkett M., Caulfield J. C., Woodcock C., Pickett J. A., Johnson D. (2013), « Underground signals carried through common mycelial networks warn neighbouring plants of aphid attack », *Ecology Letters*, 16, p. 835–843.

5. Belov K. (2012), « Contagious cancer: lessons from the devil and the dog », *BioEssays: news and reviews in molecular, cellular and developmental biology*, 34, p. 285–292.

6. Belshaw R., Pereira V., Katzourakis A., Talbot G., Paces J., Burt A., Tristem M. (2004), « Long-term reinfection of the human genome by endogenous retroviruses », *Proceedings of the National Academy of Sciences of the United States of America*, 101 (14), p. 4894–9910.

7. Blanquart F., Gandon S. (2013), « Time-shift experiments and patterns of adaptation across time and space », *Ecology Letters*, 16, p. 31-38.

8. Blond J. L., Lavillette D., Cheynet V., Bouton O., Oriol G., Chapel-Fernandes S., Mandrand B., Mallet F., Cosset F. L. (2000), « An envelope glycoprotein of the human endogenous retrovirus HERV-W is expressed in the human placenta and fuses cells expressing the type D mammalian retrovirus receptor », *Journal of Virology*, 74, p. 3321-3329.

9. Blottiere H. M., de Vos W. M., Ehrlich S. D., Dore J. (2013), « Human intestinal metagenomics: state of the art and future », *Current Opinion in Microbiology* 16 (3), p. 232-239.

10. Boubakri H., Beuf M., Simonet P., Vogel T. M. (2006), « Development of metagenomic DNA shuffling for the construction of a xenobiotic gene », *Gene*, 375, p. 87-94.

11. Brum J. R., Ignacio-Espinoza J. C. et al. (2015), « Patterns and ecological drivers of ocean viral communities », *Science*, 348 (6237), doi : 10.1126/science.1261498.

12. Caughley G. (1994), «Directions in Conservation Biology », *Journal of Animal Ecology*, 63, 2, p. 215-244.

13. Chen D. S., Wu Y. Q., Zhang W., Jiang S. J., Chen S. Z. (2016). « Horizontal gene transfer events reshape the global landscape of arm race between viruses and Homo sapiens », *Sci Rep.*, 6, p. 26934.

14. Courchamp F., Woodroffe R., Roemer G. (2003), « Removing Protected Populations to Save Endangered Species », *Science*, 302, 5650, p. 1532.

15. Crisp A., Boschetti C., Perry M., Tunnacliffe A., Micklem G. (2015), « Expression of multiple horizontally acquired genes is a hallmark of both vertebrate and invertebrate genomes », *Genome Biology*, 16, p. 50.

16. De Vargas C., Audic S. et al. (2015), « Eukaryotic plankton diversity in the sunlit ocean », *Science*, 348 (6237), doi : 10.1126/science.1261605.

17. Decaestecker E., Gaba S., Raeymaekers J., Stoks R., Ebert D., De Meester L. (2007), « Host parasite 'Red Queen' dynamics archived in pond sediment », *Nature*, 450, p. 870-873.

18. Demanèche S., Bertolla F., Buret F., Nalin R., Sailland A., Auriol P., Vogel T. M., Simonet P. (2001), « Laboratory-scale evidence for lightning-mediated gene transfer in soil », *Applied Environmental Microbiology*, 67, p. 3440-3444.

19. Devictor et al. (2012), « Differences in the climatic debts of birds and butterf lies at a continental scale », *Nature Climate Change*, 2, p. 121-124.

20. Dolinoy D. C., Huang D., Jirtle R. L. (2007), « Maternal nutrient supplementation counteracts bisphenol A-induced DNA hypomethylation in early development », *Proceedings of the National Academy of Sciences of the United States of America*, 104 (32), p. 13056-13061.

21. Dunbar H. E., Wilson A. C., Ferguson N. R., Moran N. A. (2007), « Aphid thermal tolerance is governed by a point mutation in bacterial symbionts », *PLOS Biology*, 5 (5) : e96.

22. Dupressoir A., Lavialle C., Heidmann T. (2012), « From ancestral infectious retroviruses to bona fide cellular genes : role of the captured syncytins in placentation », *Placenta*, 33 (9), p. 663-671.

23. Durand P. M., Choudhury R ., R ashidi A., Michod R. E. (2014), « Programmed death in a unicellular organism has species-specific fitness effects », *Biology Letters*, 10, 20131088.

24. Dusi E., Gougat-Barbera C., Berendonk T. U., Kaltz O. (2015), « Long-term selection experiment produces breakdown of horizontal transmissibility in parasite with mixed transmission mode », *Evolution*, 69, p. 1069-1076.

25. Gapp K., Bohacek J., Grossmann J., Brunner A. M., Manuella F., Nanni P., Mansuy I. M. (2016), « Potential of environmental enrichment to prevent transgenerational effects of paternal trauma », *Neuropsychopharmacology*, 41 (11), p. 2749-2758.

26. Giraud T., Pedersen J. S., Keller L. (2002), « Evolution of supercolonies : The Argentine ants of southern Europe », *Proceedings of the National Academy of Sciences of the United States of America*, 99, p. 6075-6079.

27. Gomez-Roldan V., Fermas S., Brewer P. B., Puech-Pagès V., Dun E. A., Pillot J.-P., Letisse F., Matusova R ., Danoun S., Portais J.-C., Bouwmeester H., Bécard G., Beveridge C. A., R ameau C., Rochange S. F. (2008), « Strigolactone inhibition of shoot branching », *Nature*, 455, p. 189-194.

28. Guidi L., Chaff ron S. et al. (2016), « Plankton networks driving carbon export in the oligotrophic ocean », *Nature*, 532 (7600), p. 465-470.

29. Hanikenne M., Talke I. N., Haydon M. J., Lanz C., Nolte A., Motte P., Kroymann J., Weigel D., Kramer U. (2008), « Evolution of metal hyperaccumulation required cis-regulatory changes and triplication of HMA4 », *Nature*, 453, p. 391-395.

30. Jargeat P., Cosseau C., Ola'h B., Jauneau A., Bonfante P., Batut J., Bécard G. (2004), « Isolation, free-living capacities and genome structure of CandidatusGlomeribacter gigasporarum, the endocellular bacterium of the mycorrhizal

fungus Gigaspora margarita », *Journal of Bacteriology*, 186, p. 6876–6884.

31. Joubert B. R., Håberg S. E., Nilsen R. M., Wang X., Vollset S. E., Murphy S. K., Huang Z., Hoyo C., Midttun Ø, Cupul–Uicab L. A., Ueland P. M., Wu M. C., Nystad W., Bell D. A., Peddada S. D., London S. J. (2012), « 450K epigenome–wide scan identifeis differential DNA methylation in newborns related to maternal smoking during pregnancy », *Environmental Health Perspectives*, 120, p. 1425–1431.

32. Koonin E.V., Wolf Y. I. (2012), « Evolution of microbes and viruses : a paradigm shift in evolutionary biology?　», *Frontiers in Cellular and Infection Microbiology*, 2, p. 1910–3389.

33. Kroemer G., Senovilla L., Galluzzi L., André F., Zitvogel L. (2015), « Natural and therapy–induced immunosurveillance in breast cancer », *Nature Medicine*, 21, p. 1128–1138.

34. Lerouge P., Roche P., Faucher C., Maillet F., Truchet G., Promé J. C., Dénarié J. (1990), « Symbiotic host–specificity of Rhizobium meliloti is determined by a sulphated and acylated glucosamine oligosaccharide signal », *Nature*, 344, p. 781–784.

35. Lima–Mendez G., Faust K. et al. (2015), « Determinants of community structure in the global plankton interactome », *Science*, 348 (6237), doi : 10.1126/science.1262073.

36. Lintern M., Anand R., Ryan C., Paterson D. (2013), « Natural gold particles in Eucalyptus leaves and their relevance to exploration for buried gold deposit », *Nature Communication*, 4, p. 2614.

37. Maillet F., Poinsot V., André O., Puech–Pagès V., Haouy A., Gueunier M., Cromer L., Giraudet D., Formey D., Niebel A., Andres Martinez E., Driguez H., Bécard G., Dénarié J. (2011), « Fungal lipochitooligosaccharidic symbiotic signals in arbuscular mycorrhiza », *Nature*, 469, p. 58–63.

38. Manikkam M., Tracey R., Guerrero–Bosagna C., Skinner M. K. (2013), « Plastics derived endocrine disruptors (BPA, DEHP and DBP) induced epigenetic transgenerational inheritance of obesity, reproductive disease and sperm epimutations », *PLoS ONE*, 8, e55387.

39. Martin F. et al. (2010), « Périgord black truff le genome uncovers evolutionary origins and mechanisms of symbiosis », *Nature*, 464, p. 1033–1038.

40. Metzger M. J., Reinisch C., Sherry J., Goff S. P. (2015), « Horizontal transmission of clonal cancer cells causes leukemia in soft–shell clams», *Cell*, 161 (2), p. 255–263.

41. Moreira L. A., Iturbe-Ormaetxe I., Jeffery J. A., Lu G., Pyke A. T., Hedges L. M., Rocha B. C., Hall-Mendelin S., Day A., Riegler M., Hugo L. E., Johnson K. N., Kay B. H., McGraw E. A., Van den Hurk A. F., Ryan P. A., O'Neill S. L. (2009), « A Wolbachia symbiont in *Aedes aegypti* limits infection with dengue, Chikungunya, and Plasmodium », *Cell*, 139 (7), p. 1268-1278.

42. Orellana M. V., Pang W. L., Durand P. M., Whitehead K., Baliga N. S. (2013), « A Role for Programmed Cell Death in the Microbial Loop », *PLoS ONE*, 8 (5), e62595.

43. Painter L. E., Beschta R. L., Larsen E. J., Ripple W. J. (2015), « Recovering aspen follow changing elk dynamics in Yellowstone: evidence of a trophic cascade? », *Ecology*, 96, p. 252-263.

44. Plett J. M., Daguerre Y., Wittulsky S., Vayssières A., Deveau A., Melton S. J., Kohler A., Morrell-Falvey J. L., Brun A., Veneault-Fourrey C., Martin F. (2014), « Effector MiSSP7 of the mutualistic fungus *Laccaria bicolor* stabilizes the *Populus* JAZ6 protein and represses jasmonic acid (JA) responsive genes », *Proceedings of the National Academy of Sciences of the United States of America*, 111, p. 8299-304.

45. Raj S., Bräutigam K., Hamanishi E. T., Wilkins O., Thomas B. R., Schroeder W., Mansfield S. D., Plant A. L., Campbell M. M. (2011), « Clone history shapes Populus drought responses », *Proceedings of the National Academy of Sciences of the United States of America*, 108, p. 12521-12526.

46. Ripple W. J., Beschta R. L. (2012), « Trophic cascades in Yellowstone: The first 15 years after wolf reintroduction », *Biological Conservation*, 145/1, p. 205-213.

47 Ripple W. J., Beschta R . L., Fortin J. K. Robbins C. T. (2014), « Trophic cascades from wolves to grizzly bears in Yellowstone », *Journal of Animal Ecology*, 83, p. 223-233.

48. Roemer G., Donlan J. et Courchamp F. (2002), « Golden eagles, feral pigs and insular carnivores: How exotic species turn native predators into prey », *Proceedings of the National Academy of Sciences of the United States of America*, 99, p. 791-796.

49. Schrodinger E. (1944), *What is Life?* , Cambridge, Cambridge University Press.

50. Sender R., Fuchs S., Milo R. (2016), « Are We Really Vastly Outnumbered? Revisiting the Ratio of Bacterial to Host Cells in Humans », *Cell*, 164, p. 337-340.

51. Song Y. Y., Zeng R. S., Xu J. A. F., Li J., Shen X. A., Yihdego W. G. (2010), « Interplant communication of tomato plants through underground common mycorrhizal networks », *PLoS ONE*, 5, e13324.

52. Sun B. F., Li T., , Xiao J. H., Jia L. Y., Liu L., Zhang P., Murphy R. W., He S.M.,

Huang D.W. (2015), « Horizontal functional gene transfer from bacteria to fishes », *Scientific Reports*, 5, 18676.

53. Sunagawa S., Coelho L. P. et al. (2015), « Ocean plankton. Structure and function of the global ocean microbiome », *Science*, 348 (6237), 1261359.

54. Tisserant E. et al. (2013), « Genome of an arbuscular mycorrhizal fungus provides insight into the oldest plant symbiosis », *Proceedings of the National Academy of Sciences of the United States of America*, 110, p. 20117−20122.

55. Torres−Barcelo C., Arias−Sanchez F. I., Vasse M., Ramsayer J., Kaltz O., Hochberg M. E. (2014), « A window of opportunity to control the bacterial pathogen Pseudomonas aeruginosa, combining antibiotics and phages », *PLoS ONE*, 9, e106628.

56. Van de Velde W. et al. (2010), « Plant peptides govern terminal differentiation of bacteria in symbiosis », *Science*, 327, p. 1122−1126.

57. Vyas A., Kim S. K., Giacomini N., Boothroyd J. C., Sapolsky R. M. (2007b), « Behavioral changes induced by Toxoplasma infection of rodents are highly specific to aversion of cat odors », *Proceedings of the National Academy of Sciences of the United States of America*, 104 (15), p. 6442−6447.

58. Vyas A., Kim S.−K., Sapolsky R. M. (2007a), « The effects of toxoplasma infection on rodent behavior are dependent on dose of the stimulus », *Neuroscience*, 148 (2), p. 342−348.

5　从好奇心到应用

1. Bellanger M., Demeneix B., Grandjean P., Zoeller R. T., Trasande L., (2015), « Neurobehavioral deficits, diseases, and associated costs of exposure to endocrine−disrupting chemicals in the European Union », *The Journal of Clinical Endocrinology & Metabolism*, 100, p. 1256−1266.

2. Bianconi E., Piovesan A., Facchin F., Beraudi A., Casadei R., Frabetti F., Vitale L., Pelleri M. C., Tassani S., Piva F. (2013), « An estimation of the number of cells in the human body », *Annals of Human Biology*, 40, p. 463−471.

3. Chaumont M., R acape J., Broeders N., El Mountahi F., Massart A., Baudoux T., Hougardy J.−M., Mikhalsky D., Hamade A., Le Moine A., Abramowicz D., Vereerstraeten P. (2015), « Delayed graft function in kidney transplants: time evolution, role of acute rejection, risk factors, and impact on patient and graft outcome », *Journal of Transplantation*, 2015, DOI: 10.1155/2015/163757.

4. Clayes A., Vialatte S. (2013–2014), « Les progrès de la génétique, vers une médecine de précision ? Les enjeux scientifiques, technologiques, sociétaux et éthiques de la médecine personnalisée », Rapport n° 306 de l'OPECST.

5. DiLuca M., Olesen J. (2014), « The cost of brain diseases: a burden or a challenge? », *Neuron*, 82, p. 1205–1808.

6. Durand E., Nguyen V. S., Zoued A., Logger L., Pehau-Arnaudet G., Aschtgen M.-S., Spinelli S., Desmyter A., Bardiaux B., Dujeancourt A., Roussel A., Cambillau C., Cascales E., Fronzes R., (2015), « Biogenesis and structure of a type VI secretion membrane core complex », *Nature*, 523, p. 555–560.

7. Enel P., Procyk E., Quilodran R., Dominey P. F. (2016), « Reservoir Computing Properties of Neural Dynamics in Prefrontal Cortex », *PLoS Computational Biology*, 12, e1004967.

8. Gao B., Yang Q., Zhao X., Jin G., Ma Y., Xu F. (2016), « 4D Bioprinting for Biomedical Applications », *Trends in Biotechnology*, S0167–7799, p. 66–74.

9. GIEC-IPCC (Groupe d'experts intergouvernemental sur l'évolution du climat – Intergovernmental Panel on Climate Change) 2014, 5e rapport, *Climate Change 2014: Synthesis Report. Contribution of Working Groups I, II and III to the Fifth Assessment Report of the Intergovernmental Panel on Climate Change* (Core Writing Team, R. K. Pachauri et L. A. Meyer eds.), IPCC, Geneva, Switzerland, p. 151.

10. Greshock T., Johns D., Noguchi Y., Williams R. (2008), « Improved Total Synthesis of the Potent HDAC Inhibitor FK228 (FR–901228) », *Organic Letters*, 10, p. 613–616.

11. Halpern K. B., Tanami S., Landen S., Chapal M., Szlak L., Hutzler A., Nizhberg A., Itzkovitz S. (2015), « Bursty gene expression in the intact Mammalian liver », *Molecular Cell*, 58, p. 147–156.

12. Hodi F. S., Mihm M. C., Soiffer R. J., Haluska F. G., Butler M., Seiden M. V., Davis T., Henry-Spires R., Macrae S., Willman A., Padera R., Jaklitsch M. T., Shankar S., Chen T. C., Korman A., Allison J. P., Dranoff G. (2003), « Biologic activity of cytotoxic T lymphocyte-associated antigen 4 antibody blockade in previously vaccinated metastatic melanoma and ovarian carcinoma patients », *Proceedings of the National Academy of Sciences of the United States of America*, 100, p. 4712–4717.

13. Kang H.-W., Lee S. J., Ko I. K., Kengla C., Yoo J. J., Atala A. (2016), « A 3D bioprinting system to produce human-scale tissue constructs with structural integrity », *Nature Biotechnology*, 34, p. 312–319.

14. Keriquel V., Guillemot F., Arnault I., Guillotin B., Miraux S., Amédée J., Fricain J.-C., Catros S. (2010), « *In vivo* bioprinting for computer- and robotic-assisted medical intervention: preliminary study in mice », *Biofabrication*, 2, p. 014101.

15. Maréchal E. (2015), « Carburants à base d'algues oléagineuses – Principes, filières, verrous », *Techniques de l'Ingénieur*, 186, p. 1-19.

16. Greenemeier L., *Scientific American*, http://blogs.scientificamerican.com/news-blog/computers-have-a-lot-to-learn-from-2009-03-10/.

17. Paquot Y., Duport F. et al. (2012), « Optoelectronic reservoir computing », *Scientific Reports*, 2, p. 287.

18. Phan G. Q., Yang, J. C., Sherry R. M., Hwu P., Topalian S. L., Schwartzentruber D. J., Restifo N. P., Haworth L. R., Seipp C. A., Freezer L. J., Morton K. E., Mavroukakis S. A., Duray P. H., Steinberg S. M., Allison J. P., Davis T. A., Rosenberg S. A., (2003), « Cancer regression and autoimmunity induced by cytotoxic T lymphocyte-associated antigen 4 blockade in patients with metastatic melanoma », *Proceedings of the National Academy of Sciences of the United States of America*, 100, p. 8372-8377.

19. Strader C., Pearce C., Oberlies N. (2011), « Fingolimod (FTY720): A Recently Approved Multiple Sclerosis Drug Based on a Fungal Secondary Metabolite », *Journal of Natural Products*, 74, p. 900-907.

20. Trasande L. (2016), « Updating the Toxic Substances Control Act to Protect Human Health », *Journal of the American Medical Association*, 315, p. 1565-1566.

21. Wolf S. F, Schlessinger D. (1977), « Nuclear metabolism of ribosomal RNA in growing, methionine-limited, and ethionine-treated HeLa cells », *Biochemistry*, 16, p. 2783-2791.

22. Zopf D. A., Hollister S. J., Nelson M. E., Ohye R. G., Green G. E. (2013), « Bioresorbable airway splint created with a three-dimensional printer », *New England Journal of Medicine*, 368, p. 2043-2045.

图书在版编目（CIP）数据

迷人的生命 /（法）卡特琳·热叙主编；吴苏妹译 .
—上海：上海科技教育出版社，2024.8
（迷人的科学丛书）
ISBN 978-7-5428-8139-7

Ⅰ.①迷… Ⅱ.①卡… ②吴… Ⅲ.①生命科学－普
及读物 Ⅳ.① Q1-0
中国国家版本馆 CIP 数据核字（2024）第 090352 号

责任编辑　顾　擎　伍慧玲
版式设计　杨　静
封面设计　赤　祥

MIREN DE SHENGMING
迷人的生命
［法］卡特琳·热叙　主编
吴苏妹　译

出版发行　上海科技教育出版社有限公司
　　　　　（上海市闵行区号景路 159 弄 A 座 8 楼　邮政编码 201101）
网　　址　www.sste.com　www.ewen.co
经　　销　各地新华书店
印　　刷　上海颛辉印刷厂有限公司
开　　本　720×1000　1/16
印　　张　16.5
插　　页　1
版　　次　2024 年 8 月第 1 版
印　　次　2024 年 8 月第 1 次印刷
书　　号　ISBN 978-7-5428-8139-7/N·1220
图　　字　09-2023-0074 号
定　　价　98.00 元